高等院校计算机课程设计指导丛书

计算机网络课程设计

第 2 版

朱敏 陈黎 李勤 编著

机械工业出版社
CHINA MACHINE PRESS

本书面向计算机网络课程的实验和实践教学，按照导读篇、工具篇、基础实验篇和综合设计篇的结构组织内容。导读篇主要介绍计算机网络课程设计的目标、本书的特点和用法，并给出课程设计报告模板和实验小结的示例。工具篇主要介绍常用网络设备的结构、基本配置方法，以及协议分析工具和模拟器。基础实验篇分别对应 TCP/IP 协议栈不同层次的基础实验。综合设计篇提供多个网络应用案例，便于学生从整体了解网络的工作原理，以及网络规划、设计、实施的全部过程。

本书既适合作为高校计算机类专业计算机网络课程的配套教材，也适合作为从事网络运维及相关工作的技术人员的参考书。

图书在版编目（CIP）数据

计算机网络课程设计 / 朱敏，陈黎，李勤编著 .
2 版 . -- 北京：机械工业出版社，2024. 8（2025.6 重印）. --（高等
院校计算机课程设计指导丛书）. -- ISBN 978-7-111
-76299-7

I. TP393-41
中国国家版本馆 CIP 数据核字第 2024K58R63 号

机械工业出版社（北京市百万庄大街 22 号　邮政编码 100037）
策划编辑：朱　劼　　　　　责任编辑：朱　劼
责任校对：张亚楠　李　杉　　责任印制：张　博
北京建宏印刷有限公司印刷
2025 年 6 月第 2 版第 2 次印刷
185mm × 260mm · 15.25 印张 · 1 插页 · 374 千字
标准书号：ISBN 978-7-111-76299-7
定价：59.00 元

电话服务　　　　　　　　网络服务
客服电话：010-88361066　机　工　官　网：www.cmpbook.com
　　　　　010-88379833　机　工　官　博：weibo.com/cmp1952
　　　　　010-68326294　金　书　网：www.golden-book.com
封底无防伪标均为盗版　机工教育服务网：www.cmpedu.com

前　言

本书的目标

计算机网络已渗透到人们的生活、学习和工作中，带来资源共享和信息传递的便利。网络技术的发展与应用，也不断对各行各业产生巨大的影响。计算机网络因其重要的地位而成为计算机相关专业的核心课程和考研的必考科目。

"计算机网络"是一门实践性很强的课程，实践教学环节在该课程的教学过程中具有非常重要的地位。几乎所有高校都为"计算机网络"课程配备不同学时的实践教学环节，也有不少高校设置了独立的"计算机网络课程设计"环节，帮助学生感受并理解计算机网络的工作原理、锻炼学生的动手能力以及在实际工程和应用中解决问题的能力。

本书的目标是在学习计算机网络理论的基础上，通过实践加深学生对概念和原理的理解，尤其是对网络核心内容、协议和算法的理解与掌握。编写团队在多年计算机网络课程实践教学的基础上，充分考虑教学对象的差异性和教学计划的多样性，为教师整理出可以选择、组合的教学内容，从而为计算机网络课程实践环节提供系统化、灵活的教学参考；同时，给学习该课程的学生提供一个自主学习的平台。

本书第 1 版出版已有六年时间。在此期间，信息和通信技术不断进步，网络实验所需的设备和工具也在不断更新。虽然第 1 版仍是"计算机网络课程设计"环节的重要资源，但技术的变化使得任何书籍都有过时的风险。因此，我们根据读者对第 1 版的反馈，在本书中进行了必要的更新和修订。

在本书中，我们更新了过时的设备和工具的使用说明，增加了一些新的设备和传输介质的介绍，涉及第 1～4 章。同时，针对网络协议的发展，我们对相关章节进行了修订，如 5.1 节、第 10 章。此外，我们还增加了 Python 语言的代码分析，如 5.5 节、5.6 节，以适应网络编程的需求。另外，考虑到 TCP 和 802.11 协议的重要性和广泛应用，我们增加了 6.3 节的 TCP 传输行为分析实验和 8.4 节的 802.11 协议分析实验。

我们希望在本书中提供更全面、更新的网络实验内容，以帮助读者更好地理解和应用计算机网络知识，适应技术和行业的变化，获得更有价值的学习内容。

本书特色

- **强调理论实践的融合性**。本书的每一部分都针对实验所涉及的相关知识点进行了说明，帮助学生建立理论与实践的对应关系。同时，通过设计一系列问题，让学生在回顾、思考、动手的过程中，掌握对数据包的分析能力，理解协议的工作原理。
- **强调教学安排的灵活性**。教师可以根据教学对象掌握程度的差异，结合本校教学计划的具体要求，对本书提供的实验进行选择、组合，构成不同的教学模式。同时，本书提供了综合设计，对组网、协议、网络编程能力进行综合应用，教师可将这部分内容与基本实验进行灵活整合。
- **强调教学资源的完整性**。本书提供了基本设备和工具的使用方法；对基础实验，设置了多个问题，并提供了参考答案，引导学生在动手中思考和学习；对综合实验，介绍了应用场景，为分组或团队教学提供了可能性。同时，本书也将配备 PPT 提供给教师用于教学。

本书的结构

本书分为四篇，分别是：导读篇、工具篇、基础实验篇和综合设计篇，各篇的内容安排如下：

- 导读篇（第 0 章）主要介绍计算机网络课程设计的目标、本书的特点以及用法，并给出课程设计报告模板和实验小结的示例。
- 工具篇（第 1 ～ 4 章）主要介绍常用网络设备的结构、基本配置方法，以及协议分析工具和模拟器。
- 基础实验篇（第 5 ～ 8 章）分别给出 TCP/IP 协议栈不同层次的基础实验。
- 综合设计篇（第 9 ～ 12 章）提供了多个网络应用案例，便于读者从整体上了解网络的工作原理，以及网络规划、设计、实施的全过程。

此外，本书还提供了实验报告样例，并提供思考题的参考答案，用书教师和学生可登录机工教育服务网或 https://course.cmpreading.com 下载。

读者对象

本书的读者对象是高等院校计算机网络课程设计的授课教师和学生，以及相关的专业技术人员。作为教材，本书适用于计算机类专业的计算机网络实验课程或课程设计的教学。本书还是一本技术参考书，适合计算机网络爱好者参考、学习，也适合从事计算机网络运维工作的工程师参考。

致谢

在本书的修订、出版过程中，四川大学视觉实验室的研究生们做了很多富有成效的工作，特别是 2023 级研究生管弦对本书进行了认真、细致的审校。在实验报告模板方面,授课班级的同学们也提出了许多宝贵意见。此外,本书的修订和编写得到了四川大学计算机学院(软件学院、智能科学与技术学院)网络课程组多名教师,以及机械工业出版社编辑的大力支持。在本书出版之际,谨向他们表示衷心的感谢。

我们还要感谢四川大学 2022 年度立项建设教材项目的支持。在此,我们向 *Computer Networking: A Top Down Approach*⊖一书致敬,这本经典教材的内容和提供的宝贵资源,为我们深入理解计算机网络协议提供了重要参考。

作者

2024 年 4 月

⊖ 该书中文版《计算机网络:自顶向下方法(原书第 8 版)》已由机械工业出版社出版,ISBN:978-7-111-71236-7。

目　　录

导读篇

第 0 章　概述

第 0 章
概　　述

随着 Internet 的广泛应用和快速发展，计算机网络已经成为计算机科学与技术学科的一个重要分支，对各个领域和行业都产生了深远的影响。

"计算机网络"课程是计算机类专业的核心课程之一，它主要介绍计算机网络的体系结构、功能、协议和应用。其中，TCP/IP 协议栈是 Internet 的基础，它包括从物理层到应用层的各种协议，如 IP、TCP、UDP、HTTP 等。在理论课中，学生需要掌握这些协议的概念、原理、机制和算法，但是这些内容往往比较抽象和复杂，学生容易感到枯燥和困惑。因此，实践教学环节作为理论课教学的重要补充，可以帮助学生通过实际操作，直观地感受和理解协议的工作过程，巩固和深化理论知识。通过课程设计，学生不仅可以体验协议的工作原理和方法，巩固和应用理论知识，而且可以锻炼编程能力和创新能力，提高在实际工程和应用中分析和解决问题的能力。

本章是本书的导言，主要介绍计算机网络课程设计的教学目标、任务要求，以及本书的编写特色、结构安排和使用方法。本章还会给出课程设计报告的撰写指南，以及报告的格式、内容和评分标准等。

0.1　计算机网络课程设计的目标

计算机网络课程设计是"计算机网络"课程的重要组成部分，是计算机类专业本科生必须完成的实践环节之一。它的内容既与理论课的教学内容相对应，又体现了计算机网络的实际应用和特色。课程设计的主要目的是通过实际操作，加深学生对计算机网络的原理和方法的理解和掌握，培养学生在协议分析、网络设计、网络管理、网络故障排查和网络编程开发等方面的综合实践能力。

1. 掌握网络工具的使用方法

网络工具、模拟器和常见的网络命令是学习和实践计算机网络的重要手段，它们可以帮助学生完成组网练习、模拟网络中的各种情况，还有助于观察和分析网络中数据的传输过程（如利用 Wireshark 等）。因此，在课程设计中，学生不仅要了解网络工具的功能和使用方法，还要学会根据不同的场合和目的选择合适的工具，从而诊断网络问题并辅助学习。

2. 掌握解决实际网络问题的基本方法

"计算机网络"课程的理论知识和实际应用之间存在一定的距离，虽然学生在理论课中学习了很多网络协议的原理和机制，但是不一定能够有效地解决在实际网络中遇到的问题。为了缩小理论与实践之间的差距，计算机网络课程设计要求学生通过一系列基础实验，深入理解和掌握协议的工作过程和方法。例如，在真实网络环境下进行协议分析实验，可以让学生观察和比较不同网络环境下的数据包传输情况，利用理论课的知识来分析网络现象，识别和处理各种异常的网络情况，从而逐步培养学生解决实际网络问题的基本能力。

3. 掌握初步的网络编程能力

通过编程实验，学生可以学习和使用常用的网络协议，如 TCP、UDP、HTTP 等，设计和实现一些基本的网络应用程序，如客户端 / 服务器模型、聊天室、文件传输等。这样，学生不仅可以加深对网络原理和配置的理解，还可以提高程序设计能力和网络应用能力。

0.2　本书的结构

本书分为四篇，分别是：导读篇、工具篇、基础实验篇和综合设计篇，如图 0-1 所示。

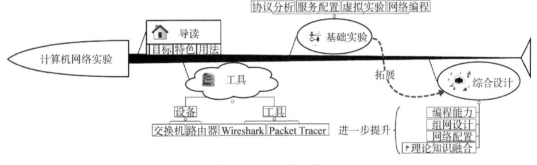

图 0-1　本书的结构

1）导读篇（第 0 章）：该篇旨在介绍计算机网络课程设计的教学目标、本书的结构与特点、本书的使用方法，并给出课程设计报告的主要内容，以便师生能够更加合理、高效地使用本书。

2）工具篇（第 1 ～ 4 章）：该篇介绍计算机网络课程设计所需的软件（Wireshark 和 Packet Tracer）和使用方法，以及常用网络设备（路由器、交换机）的基本配置和操作，为后续实验做好必要的工具与环境准备。

3）基础实验篇（第 5 ～ 8 章）：该篇各章分别对应 TCP/IP 协议栈的应用层、传输层、网络层及链路层的基础实验，旨在通过实践巩固理论课讲授的各个重要协议的知识，引导学生逐步理解 TCP/IP 各层涉及的协议的原理，并掌握相关设备的应用方法。图 0-2 ～图 0-5 分别给出了第 5 ～ 8 章的实验内容。

4）综合设计篇（第 9 ～ 12 章）：该篇对基础实验篇涉及的内容进行拓展和延伸，结合网络的实际应用，将多个基础实验整合起来形成真实案例，目的是让学生从网络通信的整体角度了解网络的工作原理，以及网络规划、设计、实施的全部过程。图 0-6 给出了综合设计实验的内容。

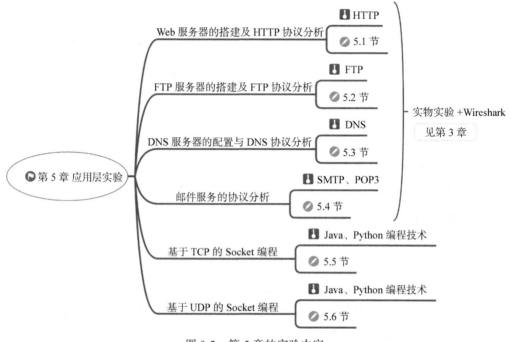

图 0-2　第 5 章的实验内容

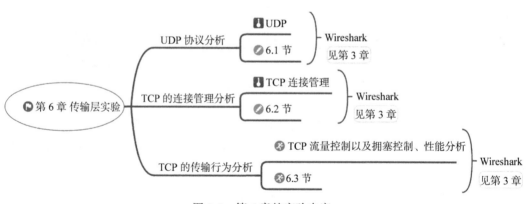

图 0-3　第 6 章的实验内容

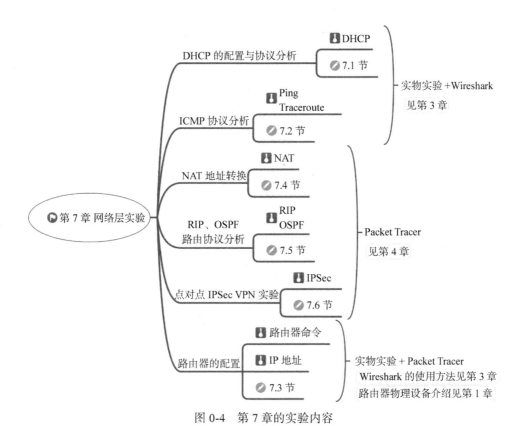

图 0-4　第 7 章的实验内容

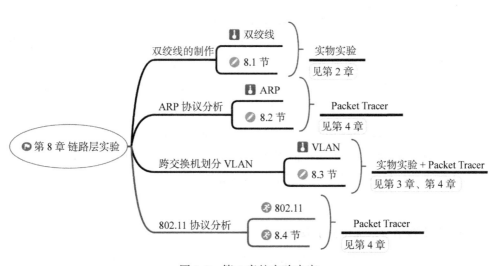

图 0-5　第 8 章的实验内容

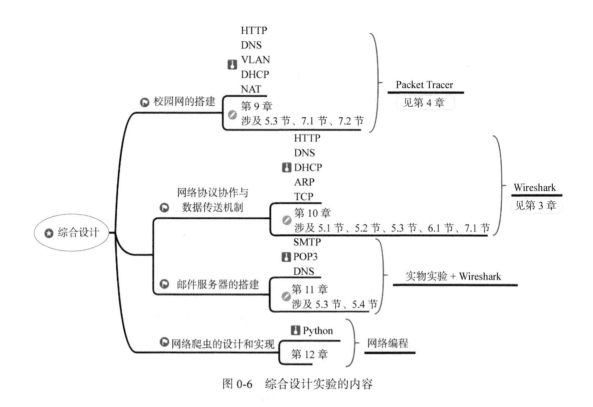

图 0-6 综合设计实验的内容

0.3 本书的使用建议

1. 模拟和真实网络环境相结合进行教学组织

本书在基础实验篇中不仅设计了在真实网络环境下的实操环节实验，还设计了在模拟器环境下的实验。开课学校或自学的读者可根据实际情况，灵活采用模拟与实操相结合的方法来实施具体教学和实验。鉴于虚拟环境和真实网络环境存在很大差异，对于能够提供设备和环境的学校，应尽量安排实物实验来完成网络服务的配置以及交换机和路由器的相关实验，这样更接近真实的网络环境。协议分析实验应尽量在真实网络环境下捕获数据传输过程中的数据包，不建议在 Packet Tracer 中模拟网络环境来完成。在这样的环境下虽然可以排除一些网络元素的影响，更清楚地了解协议的工作，但是现实环境中，网络设备处于一个多设备、多协议相互影响的环境下，因此，在真实环境下分析协议的工作原理对于提升学生发现问题、分析问题和解决问题的能力是非常重要的。

2. 理论和实践结合来优化教学效果

本书的内容和"计算机网络"理论课程的内容是紧密结合的，图 0-2 至图 0-5 给出了网络每层协议对应的实验。教师应尽量将实践环节的教学与理论教学同步安排，实验所涉及的知识点应在理论教学环节做好铺垫与衔接。同时，可结合所在学校的实际课时，对基础实验内容进行灵活选择或组合。

3. 思考与进阶的使用

本书的基础实验部分根据各层协议的教学过程，按照培养目标和课时需求，提供了可选择的实验教学内容。在协议分析的各个实验中，本书针对协议的特点和要求掌握的知识点，设计了多个问题，让学生不仅能够捕获数据包，而且能够分析数据分组的传输过程和特征，理解协议的工作原理。同时，学生通过这些问题的进阶思考，体会抓包工具的作用和价值，以及数据包中出现一些特殊情况的原因，这对于学生在实际工作中排除网络故障是非常有益的。

4. 综合设计的教学组织方法

综合设计是在基础实验的基础上，对网络协议的应用和实现进行的深入探索和实践。对于实验课时较少的学校，可以将综合设计作为主要的实验内容，将基础实验作为学生自学的参考资料；也可以将综合设计作为项目任务分配给学生，让学生通过完成综合设计来掌握网络的工作原理。这部分内容也可以采用分组教学的方式，鼓励学生采用团队合作的方式来完成。对于学有余力并且实验条件较好的学校，甚至可以将综合设计作为学生的独立项目，让学生自主设计和实现网络协议的应用和优化。

0.4　本书的特点

本书按照 TCP/IP 协议栈自顶向下的顺序设计各层的基础实验，然后通过综合性课程设计将各个基础实验的知识点融会贯通。本书有以下四个方面的特点。

（1）理论与实践互相促进

本书的每个部分都针对实验所涉及的相关知识点进行了回顾与说明，重点在于拓展理论课的知识点，便于学生在实验过程中理解和掌握知识点与实践的对应关系，从而更好地完成实验。

（2）综合设计展现创新力

本书提供了四个综合设计项目：校园网的搭建、网络协议协作与数据传送机制、邮件服务器搭建以及网络爬虫的设计和实现，综合应用组网、协议、网络编程等知识，并把基础实验中涉及的内容进行整合，让学生体验这四层是如何协作的。

（3）"做"与"思"相互激发

在协议分析实验中，不仅要求学生通过 Wireshark 完成协议数据分组的捕获，还通过一系列问题提供思考和进阶的内容，引导学有余力的学生进行更加深入的探索和更高层次的实验。

（4）实验内容灵活多变

教师可以根据实验课时的实际情况，选择部分实验作为教学内容，便于灵活实施不同的教学模式，也可以根据理论课程的教学将综合实验拆分成多个子任务来完成。

0.5 课程设计报告

学生应独立或分组完成实验，并记录实验的目的、方法、过程、结果等，然后整理、撰写并提交课程设计报告。教师通过评阅课程设计报告，达到考核目的。一份完整的课程设计报告应包括以下部分：课程设计名称、课程设计目的、实验环境、实验内容、数据记录和计算、结论、小结、备注或说明等。

【课程设计名称】：要用简练的语言概括实验的内容，如验证某程序、定律、算法，可写成"验证×××"，或"分析×××"。

【课程设计目的】：目的要明确，突出重点。具体内容可以从理论和实践两个方面考虑。在理论上，验证定理、公式、算法，并使实验者有深刻和系统的理解；在实践上，掌握使用实验设备的技能、技巧和程序的调试方法。一般应说明是验证型实验还是设计型实验，是创新型实验还是综合型实验。

【实验环境】：对实验用的软硬件环境（配置）进行详细描述。

【实验内容（算法、程序、步骤和方法）】：这是实验报告的核心内容，也是任课教师对实验报告进行评价的重要内容之一。要写明依据何种原理、定律算法、操作方法进行实验；要写明经过哪几个步骤；要画出流程图（实验装置的结构示意图），再配以相应的文字说明，这样可以使实验报告简明扼要，清楚明白。

【数据记录和计算】：记录从实验中测出的数据以及计算结果，这个部分应忠实地反映实验内容、方法和步骤所形成的结果。

【结论（结果）】：根据实验过程中所见到的现象和测得的数据得到结论。同时，对异常结果，建议从产生原因上进行分析和反思。

【小结】：对本次实验的体会、思考和建议。

【备注或说明】：可说明实验成功或失败的原因，实验后的心得体会、建议等。

0.6 实验小结参考示例

实验小结是学生对实验的体会、思考和建议，这一部分是实验报告的亮点。它可以反映出学生的实验感受，也可以让学生总结实验经验。同时，这也是实验报告中比较难写的部分，下面提供了三个示例供学生参考。

0.6.1 示例 1

"TCP 的连接管理分析"和"UDP 协议分析"两个实验主要帮助我们学习 TCP 连接管理的过程以及理解 UDP 的头部各个字段的含义。实验难点在于通过数据包分析确认号、序号的编号过程以及 UDP 校验和的计算方法。学生在完成本实验后，应对 TCP 的连接管理、连接建立和释放过程中标志位的变化情况以及 UDP 不可靠传输原理有较为清晰的认识。

在本次实验中，我基于 Wireshark 实现了对 TCP 和 UDP 的抓包，分析了其 Header 及各项参数，理解了 TCP 连接的建立与释放中关键的"三次握手"和"四次握手"，复习并执行了 UDP 的校验和算法。同时，尝试理解并实现基于 UDP 的可靠数据传输，认识 TCP 本身在速度上的缺陷，并基于 UDP 实现了较为高效的可靠数据传输服务。

本次实验让我印象最深刻的就是**查阅协议文档和标准的重要性**。在之前的四次实验中，遇到不懂的地方，一般是去搜索别人的 blog，看人家总结的知识点。但是，在本次实验中，关于 SYN 泛洪的部分，检索到的 blog 上都写得比较散。这个时候偶然间想起课本上提到的参考 RFC ×××× 文档，于是去查了一下这个文档。这一查让我印象十分深刻，因为针对 SYN 泛洪，RFC 专门发布了文档 RFC 4987 来回顾目前（发布于 2007 年 8 月）主流的防范方法，而且从理论与实践角度介绍了使用这些方法的权衡（原文为 trade-off，这确实是计算机科学中经常要面对的一个词，往往方法和工具没有最好，只有能否解决当前的问题），而后者我觉得更加难能可贵。本次实验中提及的 SYN 泛洪的缓解（原文用的是 mitigation，看来制订这份文档的人也认为完全预防是不太可能的），我基本上是在阅读文档的基础上进行总结的。作为对文档的致敬，我的叙述中也着重分析了不同方法的利弊。这次查阅文档的经历确实是本次实验中印象最深刻的工作，应该保持主动查询文档这个好习惯。

再说说 RFC。RFC 之所以被称为标准文档，是因为它既源远流长又与时俱进，互联网精神下的开发与严格的审议也是不可或缺的。RFC 的全称是 Request for Comments，它最早可以追溯到 1969 年，随着互联网的诞生与发展不断完善，既有以网络协议为代表的"标准"，也有关于互联网与网络协议的"共识"与"建议"，当然还有一些有趣的段子独立成文。RFC 在互联网世界有长久的生命力，除了其久远的历史，开放的精神也是具有决定意义的——也就是说，RFC 文档并不是由负责人指定主题，形成顶层设计后，再自顶向下填充内容，相反，它是由互联网最前沿的开发团体或者个人根据研究或者工程经验提出的，经过互联网的公开评议和严格的组织审议，最后发表为 RFC 文档。RFC 文档一旦被公开发表就不会再进行删减或修改，只会在后续的文档中对前序的文档进行补充说明。RFC 文档是英文的，比较难懂的地方基本上是术语，其他描述是可以读懂的。推荐查阅网站：https://www.rfc-editor.org/。

从上述总结来看，该学生对实验的整体情况掌握较好。通过实验，该学生探索并掌握了在学习过程中解决问题的方法，以及如何利用协议对应的 RFC 文档来解决实验中遇到的问题，从而加深了对知识点的理解。

0.6.2　示例 2

本书中的一个实验是"NAT 地址转换"。这个实验的目的是让学生了解 NAT 的原理和三种配置方法。实验的难点是在掌握原理的基础上，分析 NAT 存在的问题和优缺点。学生在完成这个实验后，应理解 NAT 的工作机制，以及不同配置方法在不同场景下的适用性。

本次实验帮助我熟悉了 NAT 的分类与原理，并熟悉了思科模拟器的使用。我成功地在思科模拟器上模拟了静态 NAT、动态 NAT、多路复用 PAT，思考了 NAT 为解决 IPv4 协议地址不足做出的贡献和其自身的缺陷，从而进一步了解了 IP 层的运行机制。

让我印象最深的是附加实验中多种 NAT 的混合使用，这种配置方法更接近实际应用场景。传统的静态 NAT 需要机构拥有足够的公网 IP 可供使用，而端口多路复用 PAT 则不满足互联网中端到端的原则，也妨碍了一些 P2P 式的应用。不过，两者结合起来使用时，可以为有特殊需求的用户手动分配静态 NAT，为大量普通用户提供 PAT 服务。

在实际使用中，NAT 也会带来一些问题。举一个我有亲身感受的例子，实验室的内网是使用端口多路复用的 PAT 搭建的，内网的服务器上存储着实验需要使用的文件，我希望访问这些文件。如果使用 FTP 进行访问，不做一些设置的话是没有办法完成访问的。就控制连接而言，服务器使用的实际上是网关 IP+ 端口，当客户端按照 FTP 要求，指定 IP+21 端口为控制连接的时候，实际上是在访问服务器所在网关的 21 端口，这是存在问题的，需要在网关上设置特定端口到服务器端口的映射。数据传输也是同理，试想在 PASV 模式下，服务器为客户端指定了可以建立数据通道的端口，但服务器是在 PAT 背后的，服务器本身的 IP 表现为 PAT 网关的 IP+ 端口号，这个时候指定的 IP 是 PAT 网关的 IP，附加指定的端口号可能对应的是内网中其余设备在外网的 IP，因此就无法建立数据连接。这个问题解决起来比较麻烦，因为并不能确定服务器打开了哪一个端口，所以没办法设置网关端口到服务器端口的映射，这时使用 PORT 模式让服务器去连接客户端端口会好一些。上述情况下，PAT 更像是防火墙，把内网的设备隐藏在后面，支持内网对外网的访问。但是，如果不做特定端口的映射，外网对内网设备的访问就有可能出现问题，一些 P2P 应用和特定端口的协议就没有办法运行，这也是 NAT 的缺点。

从上述总结来看，该学生对实验的掌握程度较好，能够了解不同 NAT 模式的不同应用场景。更值得赞扬的是，该学生能够结合自己的实际情况来分析 NAT 的优缺点。

0.6.3　示例 3

本书中的一个实验是"ARP 协议分析"。这个实验的目标是让学生了解在一个子网和不在一个子网的主机之间利用 ARP 进行通信的方法和原理。实验的难点是理解 ARP 的工作机制，以及 ARP 与其他协议的协作顺序。学生在完成本实验后，应能掌握 ARP 的基本功能、使用场景和工作流程。

本次实验综合度高，难度和要求逐级递进。从子网内的 ping 命令到需要网关 Router 进行转发的 ping 命令，再到最后 NAT 下的 ping 命令，都需要对 NAT 协议、ping 命令基于的 ICMP 和 ARP 有一个系统的认识。

思科模拟器的逐步运行转发，层层递进的问题设置，都对理解这三个协议的交互起到了很大的帮助作用。让我印象最深刻的，还是发现了 ping 第一个 ICMP 请求在 NAT 下超时的真正原因——ARP 请求的耗时是一部分，关键还是 Router 选择丢包的行为。这在 Wireshark 的单纯抓包下是无法观察到的，在思科模拟器的逐步模拟下，这个困扰了我很久的问题得以最终解决。

ARP 作为一系列协议分析的最后一个，达到网络层和链路层的交互之处，也为这一学期的实验课画上句号。实验课加深了我对于计算机网络的理解。大二我就上了计算机网络的理论课，但是没有一起修实验课。当时对于很多协议的理解都是建立在理论分析的基础上，对繁杂的协议和原理不甚理解，如今在抓包和逐步演示下，对它们有了全面的认识，可谓温故知新！

该学生的总结写得很清晰、逻辑性强，反映了该学生对于实验内容的深入理解和思考。该学生能够从不同的协议层次分析 ping 命令的工作原理和过程，发现并解决了 NAT 下的超时问题，展示了他的分析和解决问题的能力。他还利用思科模拟器和 Wireshark 等工具观察和验证协议的交互细节，提高了自己的实验技能，获得了更好的实验效果。

工 具 篇

第1章
路 由 器

路由器是一种能够连接多个局域网和广域网，并实现路由转发功能的网络设备。通常，家用的小型路由器只有一个 WAN 口，也就是说，它只能在两个网络之间进行数据交换，而不能根据目的地选择最佳的路径，因此，它不是真正的路由器。企业级的路由器则可以连接多个不同的网络，并根据路由表的信息，选择最优的转发路径。

和家用小型路由器相比，企业级路由器不仅在外观、形状上有明显的区别，而且在性能和功能上有显著的优势。企业级路由器的网口速度（影响单个连接的传输效率，可分为百兆、千兆或万兆网口）、包转发率（影响数据包转发的速度和数量）和背板带宽（影响所有网口的总吞吐量）等指标都远超家用路由器的水平。此外，企业级路由器还支持 VPN、流量控制、账号审计、防火墙等高级功能。

本章主要介绍企业级路由器的概念和特点，旨在让学生对路由器的功能和作用有整体的了解，为后续的路由器相关实验奠定基础。

1.1　初识路由器

路由器的外观和形状会根据其功能和性能的不同而有所区别。例如，华为公司的路由器产品可以分为物联网关、接入路由器、城域路由器、骨干路由器等不同的系列。如图 1-1 所示，HUAWEI NetEngine AR6121 是一款占用 1U 机柜空间的接入路由器，适用于中小型园区和分支机构的网络出口。如图 1-2 所示，HUAWEI NetEngine 8000E F8 是一款占用 13U 机柜空间的汇聚路由器，适用于骨干网的汇聚和接入层，以及大中型园区的网络出口。

图 1-1　HUAWEI NetEngine AR6121 路由器

本节以 HUAWEI NetEngine AR6121 为例，说明路由器的接口和指示灯的作用与含义。如果想了解设备的更多细节，可以参考生产厂商提供的产品文档，也可以联系生产厂商的技术支持人员获得帮助。图 1-3 展示了该路由器各个部件的位置和编号[⊖]，表 1-1 列出了各个部件的名称和说明。

⊖　该路由器的技术资料参见 https://support.huawei.com/hedex/hdx.do?docid=EDOC1100320585&id=ZH-CN_CONCEPT_0000001094237156。

图 1-2　HUAWEI NetEngine 8000E F8 路由器

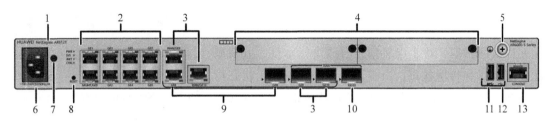

图 1-3　HUAWEI NetEngine AR6121 路由器各个部件的位置和编号

表 1-1　HUAWEI NetEngine AR6121 路由器部件的名称和说明

编号	部件名称	说明
1	产品型号标识	列出产品型号
2	LAN 口	8 个 GE 电接口
3	WAN 口	2 个 GE Combo 接口
4	SIC 槽位	2 个 SIC 槽位
5	接地点	
6	电源线接口	插入电源线
7	电源线防松脱卡扣安装孔	
8	RESET 按钮	重置路由器
9	LAN 口	GE Combo 接口
10	WAN 口	1 个 10GE 光接口
11	USB 3.0 接口	工作模式为 Host[①]
12	USB 2.0 接口	工作模式为 Host[①]
13	Console 接口	

①USB 有两种工作模式，即 Device 和 Host。

1. 产品型号标识

路由器是一种特殊的网络设备，它可以连接多个不同的网络，并根据路由表进行数据包的转发。路由器的外观和其他网络设备有相似之处，但是可以通过查看设备的产品型号标识来区分它们。设备生产厂商通常会按照一定的规则来给产品命名。通过了解这些规则，就可以快速获取设备的基本信息。例如，HUAWEI NetEngine AR6121 是一款华为公司生产的路由器，其中 HUAWEI 是华为公司的英文名称，NetEngine 是路由器的系列名称，AR 表示应用 / 接入路由器，6 表示 6K 产品平台，第一个 1 表示机框高度为 1U，2 表示支持 2 个槽位，第二个 1 是产品代际标识。

2. LAN 口和 WAN 口

LAN 口是路由器与局域网的接口，用于实现局域网内的通信。WAN 口是路由器与外部网络的接口，用于实现不同局域网的互联。NetEngine AR6121 路由器的 LAN 口可以配置为 WAN 口，以适应不同的网络需求。网络接口可以分为电接口、光接口、Combo 接口。

电接口是路由器与其他网络设备通过双绞线连接的接口，常见的电接口类型有 RJ-45、AUI、BNC 等。RJ-45 接口也称为水晶头，是一种标准的八针接口。NetEngine AR6121 路由器的电接口都是 RJ-45 接口，编号为 GE0、GE1 等，如图 1-4 所示。GE 表示千兆以太网接口。每个电接口上有两个指示灯，分别显示连接状态和传输状态。当有设备接入时，连接状态指示灯会亮起；当有数据传输时，传输状态指示灯会闪烁。指示灯的功能说明如表 1-2 所示。

图 1-4   NetEngine AR6121 路由器的 GE 电接口

表 1-2   NetEngine AR6121 电接口指示灯的功能说明

指示灯颜色	指示灯状态	说明
绿色	常亮	链路已经连通
绿色	常灭	无链路
黄色	闪烁	有数据收发
黄色	常灭	无数据收发

光接口是路由器与光纤网络连接的接口，它需要配合光模块才能使用。光模块 SFP（Small Form Pluggable，小型可插拔端口）是一种将光信号和电信号相互转换的器件，如图 1-5 所示。它的一端插入路由器的光接口，另一端连接光纤的尾纤或跳线。光接口的性能取决于所选的光模块类型。光接口上也有指示灯，用于显示光接口的状态，表 1-3 详细说明了指示灯的含义。

图 1-5   光模块 SFP

表 1-3   NetEngine AR6121 光接口指示灯的功能说明

指示灯颜色	指示灯状态	说明
绿色	常亮	链路已经连通
绿色	闪烁	有数据收发
–	常灭	链路无连接

GE Combo 接口是一种光电复用的接口，它由两个以太网口组成，一个是电接口，一个是光接口。如图 1-6 所示，该设备有三组 GE Combo 接口，分别是 GE8、GE9 和 GE10，其中 GE8 是 LAN 口，GE9 和 GE10 是 WAN 口。Combo 接口虽然在面板上有两个口，但是在

设备内部只有一个转发口。用户可以根据网络需求选择使用电接口或光接口，但是不能同时使用两个口。当一个接口被激活时，另一个接口就会自动禁用。Combo 接口的指示灯和电接口或光接口的指示灯一样，用于显示接口的状态。

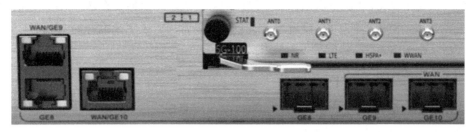

图 1-6　NetEngine AR6121 路由器的 Combo 接口

3. SIC 槽位

槽位是设备预留的扩展空间，可以安装不同类型的接口卡。槽位有不同的尺寸，SIC 是一种小型的槽位。一个 SIC 槽位可以插入一个 SIC 接口卡，该接口卡可以提供多种接口，如同 / 异步串口、以太网接口、ADSL 接口、语音接口、LTE 网络接口等。图 1-7 显示了 AR-4ES2G-S 接口卡，它有 4 个 GE 电接口。图 1-8 显示了 SIC-4FXS 接口卡，它有 4 个 FXS 接口，可以连接模拟终端。

图 1-7　AR-4ES2G-S 接口卡　　　　　　图 1-8　SIC-4FXS 接口卡

4. Console 接口

Console 接口（也简称为 Console 口）是路由器的控制接口，用于连接控制台进行功能配置。对于很多路由器来说，初次使用时必须通过 Console 接口连接。进入路由器配置界面后，可以启用其他接口，实现远程管理路由器。Console 接口的连接方法将在本章后面介绍。

5. RESET 按钮

RESET 按钮也称为复位按钮，可以用来手动地将设备恢复到某个状态。AR6121-S 路由器的复位按钮有两种使用方式：一种是长按（不少于 5 秒），可以将路由器恢复到出厂设置；另一种是短按（不超过 5 秒），可以重启路由器。由于复位操作会影响设备的正常运行，因此在使用前要慎重考虑。

6. USB 接口

用户将开局索引文件保存至 U 盘根目录，并将开局文件保存在开局引导文件指定的目录中，然后将 U 盘通过 USB 接口连接到路由器，路由器会根据开局文件自动完成文件的加载。在加载过程中，USB 接口工作在 Host 模式下。USB 接口旁边有一个指示灯，用于显示 USB 设备的状态。AR6121-S 路由器的 USB 指示灯有两种颜色和四种模式：一是绿色常亮，表示路由器已经成功地从 USB 设备启动；二是绿色闪烁，表示路由器正在从 USB 设备启动；三是红色常亮，表示路由器从 USB 设备启动失败；四是常灭，表示未插开局 U 盘、USB 接口故障或者指示灯故障。

7. 电源、电源线防松脱卡扣安装孔

交流电源接口旁边有一个小孔，用于插入电源线防松脱卡扣。这个卡扣可以固定电源线，避免电源线因为震动或拉扯而松脱。

8. 接地点

路由器的接地线缆可以有效地防止路由器受到雷击、干扰或静电的损害。根据路由器的安装环境，可以将接地线缆接在机柜或机架的接地点上。安装接地线缆的步骤如下：①佩戴防静电腕带，并确保腕带的一端已经接地，另一端与佩戴者的皮肤紧密接触；②将接地线缆的一端与路由器的接地点对齐，并用螺钉固定；③将接地线缆的另一端与机柜或机架的接地点对齐，并用螺钉固定。

1.2 选择路由器

在选择一款路由器时，应主要从以下几个方面进行考虑：一是接口类型和数量，这取决于网络的结构和规模，例如网络是否有多个接入点，是否需要专线接口等；二是性能指标，这会影响路由器的运行效率和稳定性，例如 CPU 的频率、内存的大小、全双工的线速转发能力、包的转发能力、端口的吞吐量等；三是功能支持，这决定了路由器能否实现一些特定的网络服务，例如 IPX、VPN、流量控制等。此外，还可以考虑路由器厂商是否提供相应的网管系统，以便对路由器进行监控和管理。

1.3 路由器的配置方式

路由器可以通过 Console、Telnet 和 Web 三种方式进行配置。

1. Console 方式

在初次使用路由器时，需要先通过路由器的 Console 口进行基本配置，如设置管理账号、密码和 IP 地址等。Console 口的连接方式是使用专用的 Console 线，如图 1-9 所示。Console 线的一端是 RJ-45 接头，可以插入路由器的 Console 口；另一端是 DB9 接头，有 9 个针脚，可以插入计算机的 RS232 接口，也叫作计算机串口或 COM 口。

如果计算机没有 COM 口，那么可以使用 USB 转 RS232 的转换线来连接 Console 口，

如图 1-10 所示。转换线的一端是 RS232 接头，可以插入 Console 线的 DB9 接口；另一端是 USB 接头，可以插入计算机的 USB 接口。

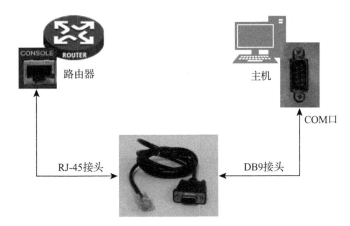

图 1-9　Console 线连接路由器和主机

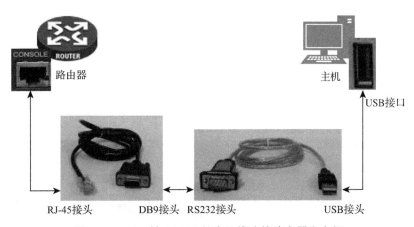

图 1-10　USB 转 RS232 的串口线连接路由器和主机

在使用 USB 转 RS232 的转换线时，需要先安装对应的驱动程序。安装成功后，可以在计算机的设备管理器中查看 COM 端口（也称为 COM 口）的信息，如图 1-11 所示，显示 USB 转 RS232 的转换线占用了计算机的 COM3 口。

要通过 Console 口连接路由器，Windows 系统必须使用终端仿真软件来操作配置界面。Windows 7 以及之后的 Windows 系统和 Windows Server 系列的系统都没有预装"超级终端"，需要用户自己安装，或者使用其他终端仿真软件。常用的终端仿真软件有 SecureCRT 和 PuTTY。这里以 SecureCRT 为例，说明如何登录路由器。打开 SecureCRT 应用程序，单击"Quick Connect"按钮，如图 1-12 所示。

在连接路由器后，会看到如图 1-13 所示的配置界面和配置内容。在配置时，要注意以下几点：①"Port"选项要选择与 COM 口匹配的值（本例中为 COM3 口）；②"Baud rate"选项要选择与路由器的波特率一致的值（通常为 9600，但不同路由器可能有不同的波特率）；③其他选项保持默认值不变。配置完成后，单击"Connect"按钮进行连接。

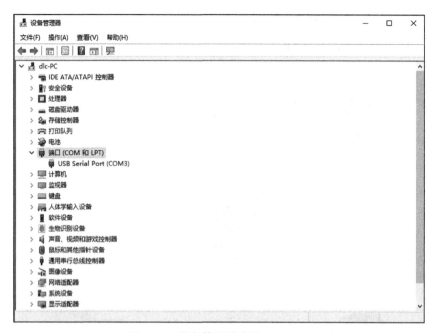

图 1-11   设备管理器中的 COM 口

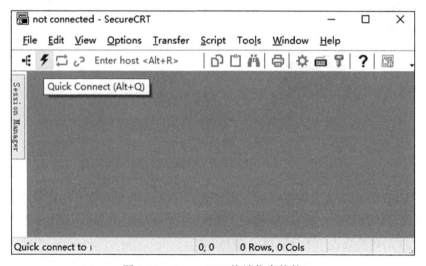

图 1-12   SecureCRT 终端仿真软件

通过 Console 口成功连接路由器后，会看到一些提示信息。接下来，需要进行一些基本配置，例如设置设备的时间和日期、系统的字符集编码、设备的名称和管理 IP 地址、Telnet 用户的级别和认证方式等。

2. Telnet 方式

在通过 Console 接口配置好管理员账号、密码和权限后，管理员就可以使用 Telnet 方式从任何一台主机通过网络远程登录路由器，进行配置和管理。

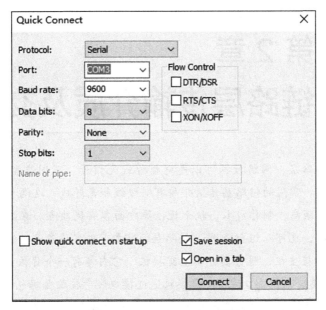

图 1-13   Quick Connect 界面

3. Web 方式

除了 Console 接口和 Telnet 方式，许多路由器厂商还提供了图形化的 Web 管理界面。用户只需在浏览器中输入路由器的 IP 地址，如"http://192.168.1.1"，并输入用户名和密码，就可以通过 Web 页面登录路由器进行配置。为了保证安全性，有些路由器会对 Web 登录方式设置一些限制条件，比如只允许指定的 IP 地址或指定的物理接口的主机登录。

第 2 章
链路层传输介质及交换设备

在链路层，网络数据可以是电信号或光信号。不同类型的信号需要不同的传输介质。常用的链路层传输介质有双绞线和光纤线。这两种传输介质在传输速度、传输距离、制作成本、抗干扰性等方面各有优缺点。在综合布线时，可以根据实际需求进行选择，也可以组合使用。链路层还需要有转发设备——交换机。交换机通常用于局域网中，可连接主机、服务器或其他交换机。它内部有一个背板（类似于个人计算机的主板），上面有交换矩阵和接口线卡。交换机通过接口线卡接收数据包，然后在 RAM 中查找端口地址表（该表存储了端口和设备的 MAC 地址的对应关系），以确定目标地址所在的端口。根据端口地址表，交换机会做出丢弃、转发或扩散的决策。交换矩阵负责实现数据的交换。目前，市场上有很多知名的交换机厂商，如思科、华为、华三、锐捷等。

2.1 认识双绞线

1. 常见的双绞线

双绞线是一种常见的链路层传输介质，用于综合布线工程。它是由两条绝缘的导线按照一定的规则相互缠绕（通常是逆时针方向）而形成一种通用的配线，属于通信网络的传输介质。它有屏蔽双绞线（STP）和非屏蔽双绞线（UTP）两种类型。屏蔽双绞线在导线和外层绝缘层之间加了一层金属材料（一般是铝箔），可以增强信号的抗干扰性，但也增加了成本和部署难度。

双绞线的级别是根据 ISO/IEC 11801-1：2017 标准来划分的，常用的级别有 D、E、E_A、F 级，分别对应超五类、六类、超六类、七类双绞线。双绞线的分级和性能差异如表 2-1 所示。

表 2-1 双绞线的分级和性能差异

系统分级	系统产品类别	标号	带宽（MHz）	特点
D	超五类双绞线	Cat.5E	100	支持千兆以太网
E	六类双绞线	Cat.6	250	支持万兆以太网
E_A	超六类双绞线	Cat.6E	500	支持万兆以太网
F	七类双绞线	Cat.7	600	只有屏蔽线缆

注：双绞线布线相关的标准还有 GB 50311、EIA/TIA 568、YD/T 1019-2013 等。随着时代的变化，各个标准存在版本的更替。

　　ISO/IEC 11801 标准在 2001 年的版本中将五类线的要求提高到了超五类线的水平，使其能够支持千兆以太网。因此，表 2-1 中的 D 级实际上包括了五类线和超五类线。市场上还有一些区分五类线和超五类线的产品，但是只能适用于百兆以太网的五类线已经很少见了。

　　表 2-1 中的"带宽"一词有两种不同的含义。一种是指电子电路的固有通频带，也叫作频宽，它表示电路能够稳定工作的频率范围。另一种是指数据传输率，也就是每秒传输的比特数。这两种含义在日常语言中经常混用，但实际上有很大的区别。带宽和数据传输率之间有密切的联系，一般来说，带宽越大，数据传输率越高。

　　最常用双绞线的是超五类线和六类线。这两种线在内部结构和性能方面有一些差异。在8.1 节中，我们将详细介绍这两种线的内部结构，以及如何通过连接水晶头来制作一根完整的双绞线。

　　七类双绞线是一种较新的双绞线，但是使用范围不太广。它的带宽比超六类双绞线更高，可以替代光纤局域网，同时降低成本。从价格来看，光纤线和七类双绞线差不多，但是如果考虑光纤网卡、光纤交换机、光纤路由器等设备的价格，七类双绞线就更有优势了。

2. 双绞线布线的配件

　　在双绞线的工程布线中，需要使用一些配件，比如配线架、理线架等。

　　理线架是一种栏栅状的金属架，可以固定在机柜上，用于管理线缆。它没有网络通信功能，但是可以使线缆有序和稳定，方便维护和管理。为了快速找到线缆，可以在网线上贴上标签纸，标明双绞线两端连接的设备和端口号。如图 2-1 所示，双绞线从理线架的栏栅中穿过。

　　配线架是一种连接跳线的装置，主要功能是方便检查和管理布线，同时可以灵活地改变连线的端口。配线架的正面是一个可以插拔水晶头的面板，背面接线柱，可以用打线器将双绞线固定到接线柱上，如图 2-2 所示。这个结构类似于墙壁上的电源插座面板。插座的背面连接的是电源线，插座的前面可以插上电器的插头。配线架通常安装在机柜上，背面连接远端来的双绞线，正面可以通过跳线（一种较短的双绞线）来连接其他设备。配线架的样式有很多种，可以根据细节设计来选择。例如，有些配线架采用多个卡接模块的设计，如果出现故障，可以单独拆下一个模块来维修；有些配线架带有理线盘结构，可以将不同长度的线缆收纳在理线盘中，使机架看起来更整洁美观，同时也减轻线缆的拉力；有些配线架是后置折叠式的，可以方便地进行布线。

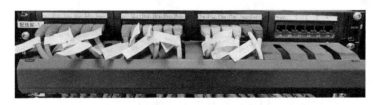

图 2-1　理线架和配线架的正面

3. 双绞线布线的工具

　　在进行双绞线的布线时，需要用到一些工具，如打线器、压线器、寻线仪等。

使用打线器，可以方便地将双绞线的八根导线分别插入连接件（如配线架、网线面板等）的八个打线柱的卡槽中，并且切掉多余的线缆头。在这个过程中，双绞线的外层绝缘层被打线柱穿透，使得双绞线的线芯和连接件的金属部分接触，实现电信号的传输，同时线缆被卡槽固定。

图 2-2　配线架的背面

压线钳是制作双绞线的必备工具。它可以完成剥线、剪线和压线的操作，如图 2-3 所示。它的具体使用方法将在 8.1 节中详细介绍。

要在一堆双绞线中找到同一根线的两端，可以使用寻线仪。寻线仪由发射器和接收器两部分组成，如图 2-4 所示。把双绞线的一端插入发射器，打开开关，然后用接收器靠近双绞线，就会听到蜂鸣声，这样就可以在远处找到双绞线的另一端了。它的原理是发射器发出一定频率和强度的信号，信号沿着双绞线传播，接收器检测到信号后，经过放大、滤波等处理，转换成声音信号。有些寻线仪还有对线功能，可以检测双绞线两端的线序是否正确。这个功能在 8.1 节的测试部分有详细说明。

为了更方便地定位双绞线的另一端，有些厂商生产了一种带光丝的双绞线。这种双绞线在普通线的基础上增加了高亮度的光丝，图 2-5 给出了它的横截面示意图。当用强光电筒或手机闪光灯照射双绞线的一端时，另一端会发光，这样就可以很容易地找到双绞线的另一端了。

图 2-3　压线钳　　　　　　图 2-4　寻线仪　　　　　图 2-5　带光丝的双绞线

4. 智能配线系统

为了适应不同的使用场景，很多厂商推出了智能配线系统，即通过电子化的方式来实现配线（不需要人工插拔跳线，而是通过管理系统来控制）。有些产品还可以通过图形化的界面展示链路层的连接情况，甚至可以识别网络设备并生成网络拓扑图。

2.2 认识光纤

1. 常见的光纤线

光纤是由玻璃或塑料等材料制成的光导纤维的简称。光纤线是以光导纤维为芯材的线缆。芯材的外面还有包层和保护层。光导纤维的折射率高于包层的折射率，所以光在芯材和包层的交界面上会发生全反射，损耗很小。光导纤维非常细且易断，因此光纤线的外面要加上保护层。保护层里面通常有加强钢丝、填充物、防水层、缓冲层、保护套等。这种由光纤芯材、加强件、保护套等组成的线缆在实际生产中叫作光缆。根据不同的用途，光缆的保护层结构可能有所不同，比如室内光缆和室外光缆的保护层就不一样。

光纤线包括单模光纤线和多模光纤线两种类型。单模光纤线的纤芯直径比多模光纤线的纤芯直径小。纤芯直径的大小会影响光线的入射角度。纤芯直径越小，光线的入射角度就越小。多模光纤线的纤芯直径较大，所以可以容纳更大的光线入射角度，这样就可以有多条光线同时在多模纤芯中传输。根据 ISO 11801 标准，多模光纤线可以分为 OM1、OM2、OM3、OM4 四种级别。不同光纤线的性能对比如表 2-2 所示。

表 2-2 不同光纤线的性能对比

光纤类型	光纤直径	外层颜色	特点
单模 OS2	9μm	黄色	适用于长距离传输
多模 OM1	62.5μm 或 125μm	橘色	使用千兆以太网时，传输距离小于 260m
多模 OM2	50μm 或 125μm	橘色	使用千兆以太网时，传输距离能达到 500m
多模 OM3	50μm 或 125μm	浅绿色	用于万兆以太网传输时，传输距离为 300m
多模 OM4	50μm 或 125μm	浅绿色	用于万兆以太网传输时，传输距离为 550m

2. 光纤布线的配件

在使用光纤线进行工程布线时，需要使用一些配件，如尾纤、跳线、配线架、光模块、光纤收发器、DAC 高速电缆、光纤测试笔等。

尾纤是一种用于连接光纤线缆的光学元件，常用于局域网布线、光纤传感器连接、测试仪器连接等场合。它的一端是裸纤，可以使用熔接机将裸纤与其他光纤线缆熔接；另一端是光纤连接器，可以直接插入光模块或者光设备的接口，如图 2-6 所示。光纤跳线与光纤尾纤的结构类似，不同之处在于跳线的两端都是光纤连接器。由于尾纤和跳线的光纤外层没有保护套管，所以使用时注意不要过度弯曲和拉伸。

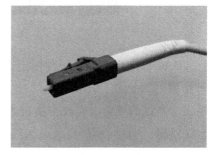

图 2-6 尾纤的光纤连接器

光纤配线架是一种用于管理和保护光纤线缆的设备，与双绞线配线架的功能相似。光纤配线架上有多个尾纤盘，可以将光纤尾纤卷绕在上面，避免过度弯曲和混乱。光纤配线架还有多个光纤接口，可以将光纤连接器插入其中，保护其光学性能，如图 2-7 所示。

图 2-7　光纤配线架

光模块 SFP 是一种用于实现光信号和电信号之间双向转换的光电子器件（详见 1.1 节）。交换机上的 SFP 端口可以插入不同类型的 SFP 模块，以适应不同的光纤线缆和传输距离，图 2-8 为光模块连接尾纤示意图。

图 2-8　SFP 连接光纤的尾纤

光纤收发器是一种在以太网中实现光信号和电信号之间双向互换的光电子器件，也叫作光电转换器。如图 2-9 所示，它的左侧有四个 RJ45 端口，可以连接双绞线；它的右侧有两个光纤接口，可以插入两根光纤线缆，分别用于接收和发送光信号。光纤收发器除了完成光电信号的转换外，还具有数据交换的功能，相当于一个简单的交换机。

图 2-9　光纤收发器

DAC 高速电缆线是一种用于连接交换机的高速传输线缆，它的两端都是 SFP 模块，中间是铜芯线，支持 10Gbit/s 的速率，如图 2-10 所示。它常用于交换机的堆叠，实现交换机之间的高速数据交换。如图 2-11 所示，通过 DAC 高速电缆线连接两台华为 S5720-36C-EI-28S 交换机的 10G 光口。

光纤测试笔是一种用于检测光纤线缆是否有断裂的光学仪器，它内置了激光器光源，能发出高亮度的光线。使用时，将光纤线缆的一端插入测试笔的光纤接口，按下测试笔的开关，如图 2-12 所示。如果光纤线缆没有断裂，另一端就会有明亮的光点出现；如果光纤线缆有断裂，断裂处会有光斑泄露。

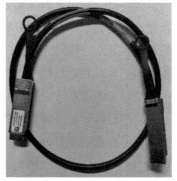

图 2-10　DAC 高速电缆线

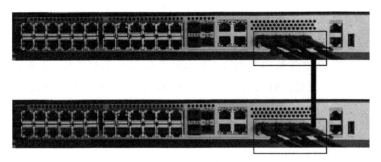

图 2-11   使用 DAC 高速电缆线

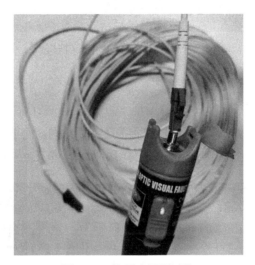

图 2-12   使用光纤测试笔

2.3   初识交换机

本节将简要介绍交换机的基本概念和功能，在 8.3 节中，我们将利用交换机进行 VLAN 的实验。

交换机的外观与路由器类似，但是设备上的型号标识会清晰地显示产品信息。例如，H3C S5024P-EI 就是一个交换机的型号标识，其中 H3C 是华三公司的英文缩写，S 是 Switch（交换机）的首字母。设备型号标识中的其他数字和字母，根据厂家的不同有不同的含义。按照 H3C 公司的规则：5 表示全千兆盒式交换机，0 表示二层交换机，24 表示有 24 个千兆端口，P 表示有千兆 SFP 光口上行，EI 表示增强型。因此，通过设备的型号标识，我们就可以了解交换机的基本特性。

提示：H3C 公司规定交换机型号以 S 开始，其后字符的命名规则如下：

● 第 1 位数字：9 表示核心机箱式交换机，7 表示高端机箱式交换机，5 表示全千兆盒式交换机，3 表示千兆上行＋百兆下行盒式交换机。

● 第 2 位数字：5 以下（不含 5）表示二层交换机，5 以上（包含 5）表示三层交换机。

- 第 3 位和第 4 位数字：低端产品中用于区分不同系列产品，高端产品中表示端口数量。
- 第 5 位和第 6 位数字：低端产品终表示端口数量，高端产品省略。
- 第 7 位字母：C 表示扩展插槽上行，P 表示千兆 SFP 光口上行，T 表示千兆电口上行。
- 后缀：EI 表示增强型，SI 表示标准型，PWR-EI 表示支持 PoE 的增强型，PWR-SI 表示支持 PoE 的标准型。

下面，我们以 H3C S5024P-EI 交换机（如图 2-13 所示）为例来介绍交换机的接口和指示灯的功能及作用。

图 2-13　H3C S5024P-EI 交换机

1. RJ-45 端口

RJ-45 端口是以太网中最常用的端口类型，用于连接双绞线，支持 10Mbit/s、100Mbit/s 和 1000Mbit/s 的速率，1000Mbit/s 以太网也称为千兆以太网。企业级交换机的 RJ-45 端口数量通常有 8 个、10 个、24 个、48 个等。如图 2-14 所示，该交换机有 24 个 RJ-45 端口。

图 2-14　交换机的 RJ-45 端口

2. SFP 端口

上一节中我们已经介绍过 SFP 模块。如图 2-15 所示，该交换机有 2 个 SFP 端口。SFP 端口可以插入不同类型的 SFP 模块，以适应不同的光纤线缆和传输距离。SFP 模块的质量直接影响光信号的稳定性，如果使用劣质的 SFP 模块，SFP 模块会发热，造成网络故障，因此需要仔细选择。

3. 端口指示灯

交换机的每一个端口都配有相应的指示灯，如图 2-16 所示。

图 2-15　SFP 端口

图 2-16　交换机的端口指示灯

指示灯是一种用于显示网络状态的可视化设备。例如，H3C S5024P-EI 的端口指示灯的状态信息如表 2-3 所示。不同厂家的交换机指示灯的状态含义可能有所差异，如果需要了解更多细节，可以参考产品使用手册。

表 2-3　H3C S5024P-EI 交换机端口指示灯的状态信息

指示灯状态	含义
灭	端口无连接或连接失败
黄灯长亮	端口工作在 10/100Mbit/s 速率下，并连接正常
黄灯闪烁	端口工作在 10/100Mbit/s 速率下，并正在收发数据
绿灯长亮	端口工作在 1000Mbit/s 速率下，并连接正常
绿灯闪烁	端口工作在 1000Mbit/s 速率下，并正在收发数据

4. Console 口

交换机的 Console 口是一种用于配置和管理交换机的串行端口，它的接线方式与路由器的 Console 口相同，如图 2-17 所示。连接线的一端是 RJ-45 接头，另一端是 DB9 接头。RJ-45 接头插入交换机的 Console 口，DB9 接头插入计算机的串行口。如果计算机没有串行口，可以使用 USB 转 RS232 转换器，具体方法可以参考 1.3 节。交换机的配置方式将在 2.5 节介绍。

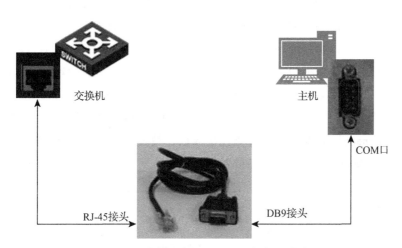

图 2-17　交换机的 Console 口与主机接线

2.4　选择交换机

选择一款交换机时，要根据应用场景进行评估，例如是否将其作为核心交换机。评估主要从交换机的端口类型和数量、交换容量、背板带宽、支持 VLAN 的数量、是否支持堆叠、是否具有路由功能[⊖]等方面进行考虑。

目前，高端交换机主要由背板电路和模块化的可扩展插槽组成。主控板通过硬件链路将背板与各个接口板连接起来。背板带宽和交换容量都是衡量交换机性能的重要指标，但是背

　⊖　三层交换机具有路由功能，旨在提高分组转发率。

板带宽通常大于实际的交换容量，所以在选择交换机时，要重点关注其交换容量。对于大型局域网用户来说，还要考虑交换机是否支持第三层路由技术的优化，以提高网络的性能和稳定性。

提示：背板带宽的计算方式为：背板带宽＝端口数量×端口速率×2，其中2代表全双工模式。

2.5　交换机的配置方式

交换机可以通过 Console 口和 Web 进行连接配置。

1. Console 方式

目前的交换机基本无须配置，直接通电以后就可以使用。但是，一般不推荐这么做，原因有三个。第一，当交换机的数量较多时，使用默认名称不方便对其管理；第二，需要设置用户密码提高安全性；第三，需要设置时钟和 NTP 时钟同步，便于发生意外事故时进行排查。

交换机在出厂时没有设置用户密码，因此需要通过 Console 口首次设置用户密码和基本参数，然后才能通过以太网端口远程登录配置。需要注意的是，有些交换机只支持通过 Console 口进行配置，不支持通过以太网端口远程登录，这取决于交换机的厂家和设备型号。

交换机的 Console 口是一种用于配置和管理交换机的串行端口，它的接线方式与路由器的 Console 口相同。连接交换机的 Console 口后，需要使用终端仿真软件来登录交换机的配置界面。Windows 7 及其后续版本的 Windows 系统和 Windows Server 系列系统都没有自带"超级终端"应用程序，因此需要安装 SecureCRT 等第三方终端仿真软件。启动 SecureCRT，单击"Quick Connect"按钮，进入快速连接界面，按照图 2-18 所示设置参数，然后单击"Connect"按钮，就可以登录交换机的配置界面了。

图 2-18　交换机的 Quick Connect 界面

2．Web 方式配置

通过 Console 口完成基础配置以后，可以通过 Web 方式连接交换机。以 H3C S5024P-EI 为例，其默认 IP 配置信息如下：地址为 192.168.0.233，子网掩码为 255.255.255.0。在浏览器的地址栏中输入 HTTP:// 192.168.0.233，按回车键即可进入 Web 网管登录界面，如图 2-19 所示。特别需要注意的是，登录主机必须和交换机处于同一子网中，同时连接使用的以太网口必须属于管理 VLAN。

图 2-19　H3C S5024P-EI 的 Web 网管登录界面

通过以太网端口登录交换机后，需要设置登录主机的 IP 地址和子网掩码。IP 地址可以是 192.168.0.1 ～ 192.168.0.254 之间的任意值，但不能与交换机的 IP 地址 192.168.0.233 重复；子网掩码必须是 255.255.255.0。H3C 交换机的默认管理 VLAN 是 VLAN1。如果已经通过 Console 口为交换机配置了 VLAN，那么无论是基于 IP 地址的 VLAN，还是基于端口的 VLAN，都要确保登录主机所在的端口属于管理 VLAN。

第 3 章
Wireshark

Wireshark 是一款能够分析网络数据分组的工具，它可以让用户实时地监测和解码网络上的数据流。在 Wireshark 出现之前，类似的工具要么价格昂贵，要么受制于某些商业机构的限制。Wireshark 的出现打破了这种局面，它是一款免费的开源软件，吸引了众多开发者为其贡献了上千种协议的解析插件，使得它能够支持几乎所有的网络协议，因此成为全球广泛使用的网络协议分析软件之一。利用 Wireshark，网络管理员可以诊断网络问题，网络安全工程师可以检测安全威胁，开发人员可以测试新的协议，普通用户可以学习网络原理。

本章将简要介绍 Wireshark 的工作原理和基本操作，为后续章节的学习做好准备。如果读者想要深入了解 Wireshark 的更多特性和用法，可以参考其官方网站[⊖]（www.wireshark.org）上的用户手册。此外，有兴趣的读者还可以在官方网站上查看 Wireshark 的开发者手册和源代码，进一步探索其内部机制和实现方式。

3.1　Wireshark 的抓包原理

在以太网中，数据以广播的方式在网络链路上发送，由 CSMA/CD 协议负责协调各个主机的访问。这意味着局域网内的每台主机都能够监听到网络链路上的所有数据帧。通常情况下，适配器只接收目的地址与其硬件地址（即适配器 ROM 中的 MAC 地址）相匹配的数据帧，其他的数据帧会被丢弃。然而，如果适配器被设置为"混杂模式"，它就会接收经过它的所有数据帧，不管目的地址是什么。这样就为捕获网络数据分组创造了可能。

3.2　Wireshark 的使用方法

下面以 Wireshark 4.2.2 在 Windows 11 平台上运行的情况为例，介绍 Wireshark 的使用方法。

1. 准备工作

Wireshark 能够捕获和分析网络数据分组，让用户实时地监测和解码网络上的数据流。由于 Wireshark 只能对一个网卡的数据分组进行捕获，因此在开始捕获之前，需要从主机的多个网卡中选择一个作为捕获对象。安装完成后，双击打开 Wireshark 软件。如图 3-1 所示，

⊖　在 Wireshark 官方网站上可以下载其源代码。

在"显示所有接口"列表中，选择要捕获数据分组的网卡。

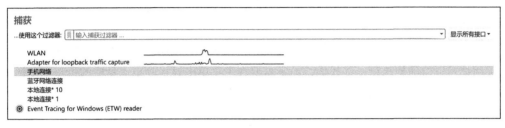

图 3-1　选择要捕获数据分组的网卡界面

2. 捕获数据分组

Wireshark 支持多种捕获方式，可以根据不同的需求进行设置。要开始捕获数据分组，只须单击开始捕获按钮 ◢，即可实时监测网络流。

（1）Wireshark 捕获引擎的优点

- 它可以支持多种网络接口的捕获，例如以太网、令牌环网、ATM 等，覆盖了不同的网络环境和协议。
- 它可以支持多种机制触发停止捕获，例如捕获文件的大小、捕获持续时间、捕获到的包数量等，方便用户根据自己的需求控制捕获的范围和精度。
- 它可以在捕获的同时显示包解码详情，让用户可以实时地查看和分析数据分组的内容和结构。
- 它可以设置过滤，有目的地查看相关数据分组，过滤掉无关的噪声数据，提高分析的效率和准确性。
- 它可以在长时间捕获时，设置生成多个文件。对于特别长时间的捕获，可以设置捕获文件大小的阈值、设置仅保留最后 N 个文件，避免文件过大或过多导致的存储和管理问题。

（2）Wireshark 捕获引擎的缺点

- 它不能从多个网络接口同时捕获，这意味着它不能对复杂的网络拓扑进行全面分析，只能通过同时开启多个应用程序实体并在捕获后进行文件合并的方式来实现对多个网络接口的同时捕获。
- 它不能根据捕获到的数据自动停止捕获或进行其他操作，这限制了它的灵活性和自动化程度，用户需要手动地控制捕获的过程和结果。

注意：首先，必须拥有root/Administrator特权才能开始捕获；其次，必须选择正确的网络接口进行捕获。

3. 用户界面

开始捕获数据分组后，软件的主窗口如图 3-2 所示。下面将详细介绍各部分的功能。

（1）主菜单

主菜单位于主窗口的顶部，菜单项如图 3-3 所示。

在后面的分析中不会用到这些选项，所以这里不做过多介绍，读者可自行查阅官方手册了解详情。

（2）主工具栏

主工具栏是一个方便的功能区，它位于主菜单的下方。如图 3-4 所示，它包含了常用的项目，让用户可以快速地执行一些操作，而不需要在主菜单中寻找。主工具栏的每一个图标都对应主菜单中的一个功能，用户可以根据自己的喜好和习惯，自定义主工具栏的内容和布局。

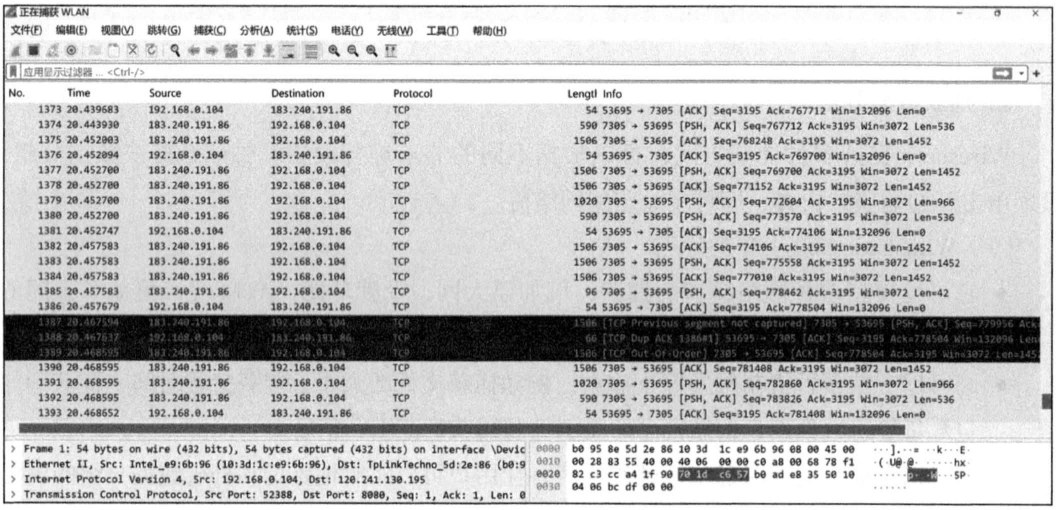

图 3-2   Wireshark 捕获数据分组的主窗口

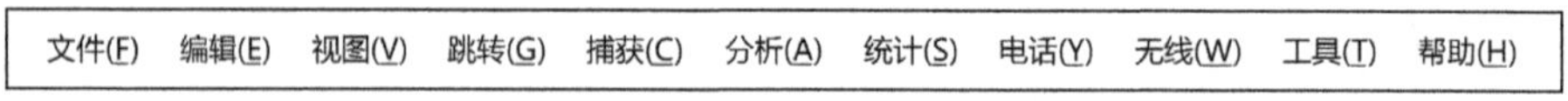

图 3-3   Wireshark 主菜单

图 3-4   Wireshark 的主工具栏

主工具栏中的按钮是一些常用功能的图形化表示，它们可以让用户更方便地操作 Wireshark 捕获引擎。主工具栏中的按钮有两种状态：可用和不可用。当按钮可以使用的时候，它们显示为正常的颜色，用户可以点击它们来执行相应的功能；当按钮不可以使用的时候，它们显示为灰色，此时用户不能点击它们。主工具栏中的按钮的功能在表 3-1 中进行了详细的说明，用户可以根据自己的需要查阅和使用。

表 3-1   Wireshark 主工具栏按钮的功能

工具栏按钮	功能
◉	打开捕获选项对话框
◢	开始一个新的捕获
■	停止捕获

（续）

工具栏按钮	功能
	停止当前捕获并重新开始
	启动打开文件对话框，用于载入文件
	将当前捕获文件保存为其他任意文件
	关闭当前捕获文件。如果未保存，会提示是否保存
	重新载入当前捕获文件
	打开一个对话框，查找数据分组
	返回访问历史记录中的上一个数据分组
	跳转到访问历史记录中的下一个数据分组
	弹出一个跳转到指定编号的数据分组的对话框
	跳转到第一个数据分组
	跳转到最后一个数据分组
	开启 / 关闭以彩色方式显示数据分组列表
	开启 / 关闭实时捕获时自动滚动数据分组列表
	放大字体
	缩小字体
	设置缩放大小为100%
	重置列宽，使内容合适

（3）过滤工具栏

过滤工具栏用于编辑过滤规则，如图 3-5 所示。

图 3-5　Wireshark 的过滤工具栏

在过滤工具栏中，各选项的功能如下：

- ＋：打开构建过滤器对话框。
- 输入框：在此区域输入或修改显示的过滤字符，在输入过程中会进行语法检查。如果
  输入的格式不正确，或者未输入完成，则背景显示为红色。
- ✕：重置当前过滤，清除输入框。
- ➡：应用当前输入框的表达式对过滤器进行过滤。

（4）分组列表面板

分组列表面板显示当前捕获的所有分组，如图 3-6 所示。

列表中的每行代表捕获文件中的一个数据分组，它们按照时间顺序排列。用户可以通过
鼠标左键单击列表中的任意一行，来查看数据分组的详细信息，包括 "Packet Detail"（分组
详情）面板和 "Packet Byte"（分组字节）面板。前者展示了数据分组的协议层次结构和各个
字段的含义，后者展示了数据分组的原始字节数据。在分组列表面板中，Wireshark 会将数

据分组的协议信息分别显示在不同的列中，这些协议信息包括时间、源地址、目的地址、协议类型、长度等。这些列可以帮助用户快速地识别和筛选数据分组，用户也可以自定义添加或删除列。在分组列表面板中，用户只能看到数据分组的高层协议描述，而不能看到数据分组的完整内容。分组列表面板中默认列有如下项目：

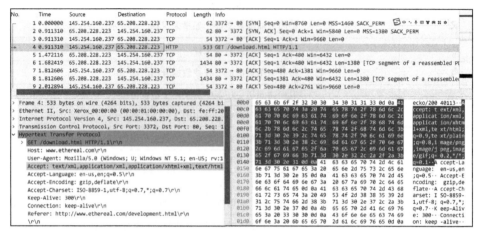

图 3-6　Wireshark 的分组列表面板

- No.：分组的编号，编号不会发生改变，即使进行了过滤也同样如此。
- Time：分组的时间戳。分组的时间戳格式可以自行设置。
- Source：分组的源地址。
- Destination：分组的目标地址。
- Protocol：分组的协议类型的简写。
- Length Info：分组的内容附加信息。

（5）分组详情面板

分组详情面板显示当前的数据分组（在分组列表面板被选中的分组）的详情列表，如图 3-7 所示。

```
> Frame 1: 174 bytes on wire (1392 bits), 174 bytes captured (1392 bits) on interface \Device\NPF_{58D6D899-A4DE-4926-A1A5-50805568F619}, id 0
> Ethernet II, Src: Intel_e9:6b:96 (10:3d:1c:e9:6b:96), Dst: TpLinkTechno_5d:2e:86 (b0:95:8e:5d:2e:86)
> Internet Protocol Version 4, Src: 192.168.0.104, Dst: 120.241.130.195
> Transmission Control Protocol, Src Port: 52388, Dst Port: 8080, Seq: 1, Ack: 1, Len: 120
```

图 3-7　Wireshark 的分组详情面板

分组详情面板是一个展示数据分组的协议层次和字段信息的功能区，它与分组列表面板相互关联。当用户在分组列表面板中选择一个数据分组时，分组详情面板会显示该数据分组的所有协议和字段，以树状结构进行组织。用户可以通过单击最左边的"＞"和"ˇ"按钮来展开或折叠树状结构的各个层级，查看更多（或更少）的信息。用户还可以通过鼠标右键单击树状结构的任意一个节点，来获得相关的上下文菜单，并进行一些操作，例如复制、过滤、跟踪等。某些协议字段会以特殊方式显示，例如：

- Generated fields（衍生字段）：Wireshark 会为自己生成的附加协议字段加上括号。衍生字段是通过与该分组相关的其他分组结合生成的。

- Links（链接）：如果 Wireshark 检测到当前分组与其他分组有关系，将会产生一个到其他分组的链接。链接字段显示为蓝色字体，并加有下划线，双击它会跳转到对应的分组。

（6）分组字节面板

分组字节面板以十六进制方式显示当前选择的分组数据，如图 3-8 所示。左侧显示分组数据的偏移量，中间栏以十六进制表示，右侧显示对应的 ASCII 字符。

```
0000  b0 95 8e 5d 2e 86 10 3d  1c e9 6b 96 08 00 45 00   ···].··=  ··k···E·
0010  00 a0 83 82 40 00 40 06  00 00 c0 a8 00 68 78 f1   ····@·@·  ·····hx·
0020  82 c3 cc a4 1f 90 70 1d  d1 f2 b0 ad ef 4c 50 18   ······p·  ·····LP·
0030  04 05 bd 57 00 00 00 00  00 78 00 00 00 00 00 00   ···W····  ·x······
0040  12 1e c4 00 00 00 00 05  30 00 00 00 5d 00 00 00   ········  0···]···
0050  13 48 65 61 72 74 62 65  61 74 2e 41 6c 69 76 65   ·Heartbe  at.Alive
0060  00 00 00 00 00 00 42 00  82 01 18 75 5f 6e 79 42   ······B·  ···u_nyB
0070  68 64 4d 5a 38 72 2d 4c  49 76 59 66 36 66 42 45   hdMZ8r-L  IvYf6fBE
0080  73 56 51 ba 01 1d 0a 0f  63 6c 69 65 6e 74 5f 63   sVQ·····  client_c
0090  6f 6e 6e 5f 73 65 71 12  0a 31 37 30 36 32 36 31   onn_seq·  ·1706261
00a0  35 34 36 d0 01 65 00 00  00 08 00 00 00 04         546··e··  ······
```

图 3-8　Wireshark 的分组字节面板

根据数据分组的不同，有时候分组字节面板会有多个页面。例如，有时候 Wireshark 会将多个分片重组为一个，这时会在面板底部出现一个附加按钮供选择查看。

4. 处理捕获的数据分组

（1）浏览捕获的数据分组

在完成数据分组的捕获或者打开已保存的分组文件之后，我们可以单击分组列表面板中的某个分组，在分组详情面板中查看该分组的树状结构和分组字节面板。分组详情面板中的树状结构展示了该分组的各个层次和字段，我们可以通过单击左侧的"＞"或者"∨"标记来展开或收起任意部分。同时，也可以在分组详情面板中单击任意字段，这时会在分组字节面板中高亮显示该字段对应的字节部分。图 3-9 展示了选中一个 ICMP 数据分组后的界面效果。

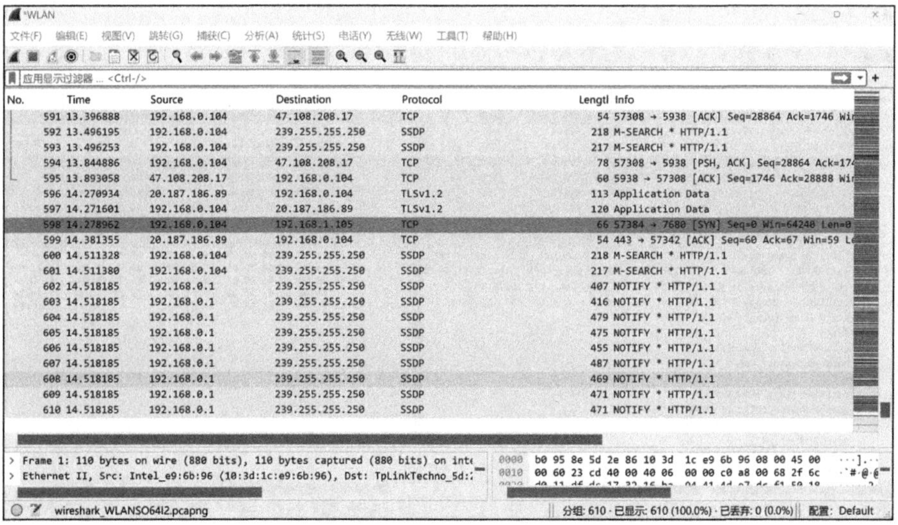

图 3-9　查看数据分组各个字段详情

当需要查看多个数据分组的内容时，可以在分组列表面板中选中想要浏览的分组，然后鼠标右键单击"新窗口显示分组"，这样就可以在一个新的窗口中单独查看这些分组的详情。图 3-10 展示了使用这个功能后，打开了两个分组的浏览窗口的情况。

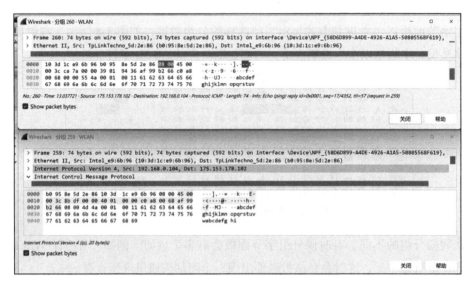

图 3-10　通过两个窗口浏览数据分组

（2）过滤数据分组

Wireshark 支持两种不同的过滤语法，分别用于捕获和显示分组。本节不涉及在捕获时如何过滤数据分组的问题。在显示时，可以通过过滤来隐藏不感兴趣的数据分组，可以基于协议、字段、字段值、字段值比较等多个方面进行过滤。例如，如果想根据协议类型过滤数据分组，只需要在 Filter 框里输入协议的关键字，然后按回车键即可。图 3-11 展示了输入"icmp"进行过滤后的结果。

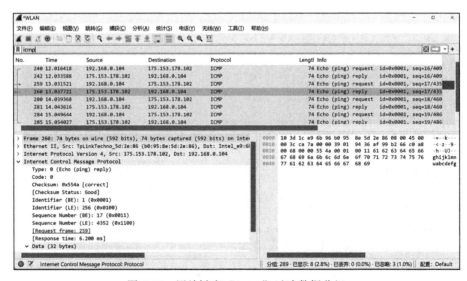

图 3-11　用关键字"icmp"过滤数据分组

提示：除了通过协议名称过滤数据分组，Wireshark 还可以支持复杂的过滤规则。

3.3　参考资源

（1）相关网络资源

● 下载地址：https://www.wireshark.org/download.html

● 官方提供的学习地址：https://www.wireshark.org/#educationalContent

（2）推荐参考书

[1] 林沛满 .Wireshark 网络分析就这么简单 [M]. 北京：人民邮电出版社，2014.

[2] 李华峰，陈虹 . Wireshark 网络分析从入门到实践 [M]. 北京：人民邮电出版社，2019.

第 4 章
Packet Tracer

Packet Tracer 是思科公司开发的一款网络仿真工具软件，它为网络初学者提供了一个设计、配置和排除网络故障的虚拟环境。在"计算机网络课程设计"这门课程中，Packet Tracer 是一个非常实用的工具，学生可以在图形化的界面上直接通过拖放的方式创建网络拓扑结构，在软件中对各个设备进行配置，查看数据分组在网络中的传输过程，以及观察网络的动态运行状态。

4.1 Packet Tracer 的使用方法

Packet Tracer 是一个网络模拟工具，它提供了构建网络所需的各种设备。要使用 Packet Tracer，只需将所选的设备拖放到拓扑区域，然后用适当的线缆连接它们，再根据实际需求进行相应的操作即可。本章将以 Packet Tracer 8.2.1 为例，分别介绍软件的界面以及设备的连接和配置等基本操作。

1. 用户主界面

Packet Tracer 的用户主界面如图 4-1 所示。

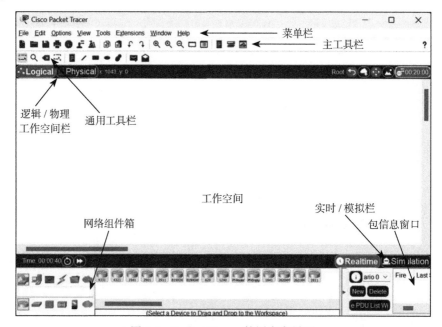

图 4-1　Packet Tracer 的用户主界面

下面列出了用户主界面中各个部分的名称和主要功能。

- 菜单栏：用于打开和保存网络配置文件、界面的设置等。
- 主工具栏：包含新建、打开、保存网络配置文件等基本操作的快捷按钮。
- 逻辑／物理工作空间栏：实现逻辑工作空间和物理结构工作空间之间切换。
- 工作空间：构建网络拓扑的主界面。
- 通用工具栏：提供操作网络组件的工具，如选中、删除和查看设备信息等。
- 网络组件箱：包含构建网络时要用到的网络组件。经常使用的组件有网络设备（包括路由器、交换机等）、终端设备（包括主机、服务器等）和连接线（包括 Console 线、直通线、交叉线等）。
- 包信息窗口：查看分组的详细信息。
- 实时／模拟栏：实现实时模式和模拟模式之间切换。

2. 网络设备操作界面

（1）路由器主界面

鼠标左键单击路由器图标，出现如图 4-2 所示的路由器主界面。

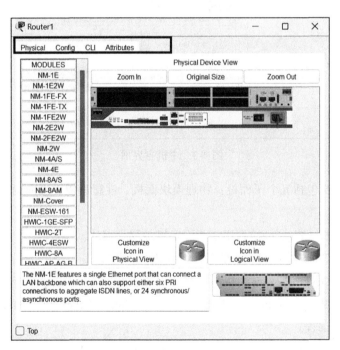

图 4-2　路由器主界面

路由器主界面主要包括四个子面板：物理模块面板、配置面板、命令行面板和属性面板。

- 物理模块面板（Physical）：用于为路由器增加物理模块。
- 配置面板（Config）：对设备的常用配置进行设置。
- 命令行面板（CLI）：通过 CLI（Command-Line Interface，命令行界面）与设备进行交互，相当于实体机通过 Console 口连接路由器进行操作。

- 属性面板（Attributes）：显示路由器的平均故障间隔时间、功耗等信息。

提示：路由器的空插槽处可以增加接口卡。当添加接口卡时，路由器必须关闭开关。

（2）主机主界面

选择主机图标后，鼠标左键单击，出现如图 4-3 所示的主机主界面。

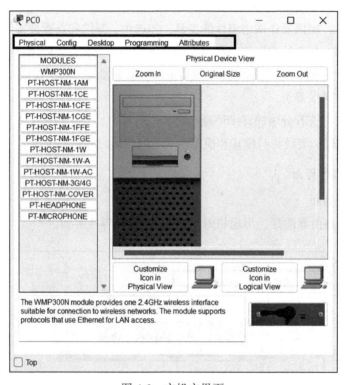

图 4-3　主机主界面

主机主界面主要包括五个子面板：物理模块面板、配置面板、桌面面板、编程面板和属性面板。

- 物理模块面板（Physical）：用于为设备增加物理模块。
- 配置面板（Config）：对设备的常用配置进行设置。
- 桌面面板（Desktop）：对主机的一些常用功能模块进行设置。
- 编程面板（Programming）：支持使用 JavaScript,、Python 和 Visual Scripting 三种脚本语言进行编程。
- 属性面板（Attributes）：显示主机的平均故障间隔时间、功耗等信息。

3. 网络组件的连接

当连接网络组件时，需要使用连接线。常用的连接线有直通线、交叉线和串口线。

- 直通线／：用于连接不同的设备，例如连接交换机和主机、连接交换机和路由器。
- 交叉线／：用于连接相同的设备，例如连接主机和主机、连接路由器和主机以及连接交换机和交换机。

- 串口线 ：用于串口的连接。通常用于广域网的连接，即在路由器与路由器进行跨内网的连接时使用。Cisco Packet Tracer 8.2.1 中提供了 DCE 和 DTE 两种连接方式。

补充知识

- DTE（Data Terminal Equipment）：数据终端设备，具有一定的数据处理能力和数据收发能力。DTE 提供或接收数据。例如，连接到调制解调器上的计算机就是一种 DTE。
- DCE（Data Communication Equipment）：数据传输设备。它在 DTE 和传输线路之间提供信号变换和编码功能，并负责建立、保持和释放链路的连接。

DCE 提供时钟；DTE 不提供时钟，但它依靠 DCE 提供的时钟工作。所以，在连接串口时，DCE 需要配置 Clock Rate 波特率。

（1）主机和交换机的连接

下面以主机和交换机的连接为例来说明网络组件的连接方法。

在网络组件箱中，单击"网络设备"（Network Devices）图标，再单击"交换机"（Switches）图标，在右侧选择"2950-24"型号的交换机，拖曳交换机进入工作空间。在网络组件箱中，单击"终端设备"（End Devices）图标，在"终端设备"（End Devices）选项下选择"主机"（PC）图标，拖曳主机进入工作空间。完成后如图 4-4 所示。

在网络组件箱中，单击"线缆"（Connections）图标，选择"直通线"（Copper Straight-Through）选项。在工作空间中，单击主机"PC0"，将会出现的接口列表。在列表中选择"FastEthernet0"（以太网口），如图 4-5 所示。

图 4-4　添加主机和交换机

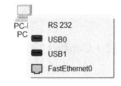

图 4-5　选择主机的以太网口

采用上面类似的方式，单击"Switch0"，选择"FastEthernet0/1"以太网口。等待一段时间后，两端的灯由红色变为绿色，说明主机和交换机成功连接，如图 4-6 所示。如果连接线上没有显示接口号，可以单击菜单栏中的"选项"（Options），选择 Preferences，在 interface 页面下找到"Always Show Port Labels in Logical Workspace"并勾选。

连接其他网络设备时选择相应的线缆进行类似操作即可。

（2）路由器之间的连接

路由器之间的连接比较特殊。路由器之间可以使用专门的串口线连接 Serial 口。在 Packet Tracer 中，有些路由器未自带 Serial 口，用户需要自行添加接口模块。下面是连接两

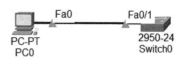

图 4-6　成功连接主机和交换机

个路由的具体步骤。

1）需要添加并配置接口模块。以型号为 2811 的路由器为例，单击路由器图标，就可以进入路由器主界面的物理模块面板，关闭路由器电源。然后，在接口卡的框中找到"HWIC-2T"模块，选中该模块并将其拖曳至接口槽。最后打开电源，如图 4-7 所示。

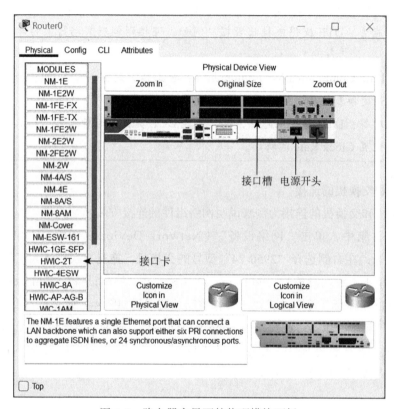

图 4-7　路由器主界面的物理模块面板

切换到配置（Config）面板，可以看到路由器增加了 Serial0/0/0 和 Serial0/0/1 两个串口，如图 4-8 所示。

2）使用串口线 DCE 连接路由器两端的 Serial 口。DCE 线连接两台路由器的方法与"主机和交换机的连接"中介绍的方法类似，不再赘述。连线完成后，可以看到连接线两端各有一个红色的倒三角形，此时两个路由器仍然不通，如图 4-9 所示。这是因为路由器和交换机不同，路由器的端口默认是关闭的，需要将其端口打开。

3）打开路由器的 Serial 口。在路由器的配置面板中，选中左侧的 Serial0/0/0 端口，然后在右侧的"Port Status"（端口状态）一栏中勾选 On 复选框（此处的 On 在实验过程中经常被忽略），端口即可打开[⊖]，如图 4-10 所示。

完成上述步骤后，可以看到连接线两端的红色倒三角形变为绿色正三角形，这表示两台路由器已经成功连通。

⊖ 也可以用路由器命令 no shutdown 实现端口打开。

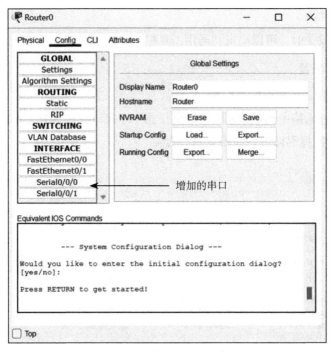

图 4-8　路由器配置面板

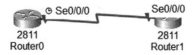

图 4-9　两台路由器未连通

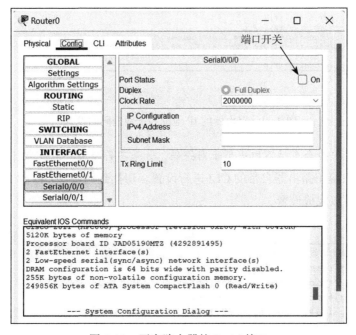

图 4-10　开启路由器的 Serial 接口

（3）设备的删除

在不需要某个设备时，可以单击"通用工具栏"中的 ⊠ 图标，删除选中的设备。

4. 设备的基本配置

（1）路由器的 IP、子网掩码的配置

单击路由器，进入路由器配置面板，选中任意一个接口，在" IP Configuration"选项组中设置 IP 地址和子网掩码即可，如图 4-11 所示。

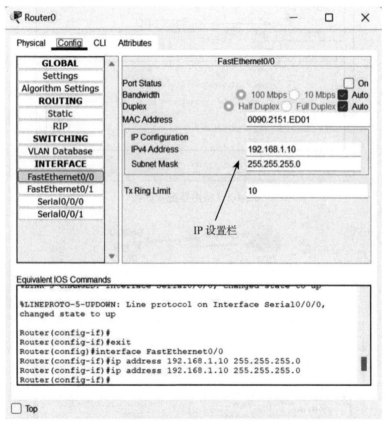

图 4-11　路由器的 IP 地址和子网掩码的设置

提示： 模拟器一般会自动匹配一个子网掩码，如果不符合需要，可自行改动。

另外，也可以使用路由器自带的 CLI 进行设置。切换到路由器 CLI 界面，输入代码 4-1 中的命令，同样可以完成设置。

代码　4-1

```
Router>enable //进入特权模式
Router#config terminal //进入配置模式
Enter configuration commands, one per line.  End with CNTL/Z.
Router(config)#interface FastEthernet0/0
Router(config-if)#ip address 192.168.1.10 255.255.255.0
Router(config-if)#exit
```

提示："＞"表示用户模式，"＃"表示特权模式，"config"表示配置模式，"config-if"表示具体到某一个接口的配置模式。配置方法详见 7.3 节。

"config terminal"可以简写成"conf t"，其他命令也可以进行类似的简写。

（2）主机的 IP、子网掩码、默认网关的配置

单击工作空间中的主机，进入"Desktop"（桌面面板），在"IP Configuration"部分依次输入 IP 地址、子网掩码、默认网关[⊖]，如图 4-12 所示。

图 4-12　设置主机的 IP 地址、子网掩码和默认网关

4.2　参考资源

（1）相关网络资源

- 访问思科网络学院的官方网站 www.netacad.com，注册账号后（注意是思科网络学院的账号，不是思科的账号），可以在资源栏中下载 Packet Tracer。下载地址为 https://www.netacad.com/portal/resources/packet-tracer。
- Packet Tracer 是由一款由思科公司提供的免费网络仿真模拟软件，其相关资料可以在思科网络学院的网站上获取。注册思科网络学院的账号后，还可以加入 Packet tracer 课程学习。

⊖　切记要配置默认网关，否则会出现无法 ping 通的情况。

● 本书编写完成时 Packet Tracer 的最新版本是 8.2.1。使用该版本时要求必须登录思科网络学院的账号。

（2）推荐参考书

[1] VACHON B, JOHNSON A. 思科网络技术学院教程：交换 + 路由 + 无线基础 [M]. 7 版 . 北京：人民邮电出版社，2022.

[2] VACHON B, JOHNSON A. 思科网络技术学院教程：路由和交换基础 [M]. 6 版 . 北京：人民邮电出版社，2018.

基础实验篇

第 5 章
应用层实验

应用层位于 TCP/IP 协议体系中的最高层，它为用户提供各种网络应用服务，如电子邮件、文件传输、远程登录等。应用层协议规定了不同主机上的应用进程之间如何交换报文，以及报文的格式和含义，从而实现应用层的功能。由于网络应用的类型和需求各异，因此应用层协议也是多种多样的，例如 HTTP、FTP、SMTP 等。为了让学生深入理解应用层协议的工作原理，即通信规则和过程，本书在协议分析实验中设计了一些与协议相关的问题，帮助学生在实验中巩固和应用理论课所学的知识点。

本章包括 6 个应用层实验，旨在让学生掌握应用层常见协议的工作原理和配置方法。本章的实验分为两大类：

- 数据包分析实验：这类实验主要利用 Wireshark 软件截获数据分组，并通过分析数据分组，让学生理解不同协议的报文格式和字段含义，从而深入理解这些协议的工作机制。
- 网络应用编程实验：这类实验主要通过编写网络应用程序，帮助学生学习网络应用开发的基本方法，同时让学生更加清楚地认识传输层协议 TCP 和 UDP 如何为应用层提供数据传输服务，以及两种传输协议在服务质量和编程方式上的差异。

5.1 Web 服务器的搭建及 HTTP 协议分析

5.1.1 实验背景

随着互联网的快速发展，基于网络环境建立的 Web 应用系统越来越多，它们利用 HTML、CGI 等 Web 技术，可以在互联网上实现各种功能，并且可以快速地检索和访问互联网上的超媒体资源。超媒体资源是指包含文本、图像、音频、视频等多种媒体形式的信息资源。Web 服务的核心是 HTTP，它是一种无状态的、请求 / 响应式的应用层通信协议。它定义了客户端浏览器或其他程序与 Web 服务器之间的交互方式和规范。Web 服务采用传统的 C/S（Client/Server）结构，即客户端向服务器发送 HTTP 请求，服务器接收请求并返回 HTTP 响应，响应报文中可以包含客户端需要访问的资源。

在 Web 服务中，还有一种称为 B/S（Browser/Server）的常用结构，它是对 C/S 结构的一种改进。B/S 结构是指客户端只需要一个浏览器，而不需要安装其他软件，就可以通过浏览器访问服务器上的 Web 应用。然而，从本质上说，B/S 结构也可视为一种特殊的 C/S 结构，它依然采用了基于 Web 技术的实现方式。

5.1.2　实验目标与应用场景

1. 实验目标

在 Windows 环境下，使用 IIS 和 Apache 两种不同的 Web 服务器应用系统搭建 Web 服务器，让学生了解服务器的搭建方法。通过对 HTTP 报文的分析，掌握协议的原理及工作过程。通过本实验，学生应该掌握如下知识点：

1）IIS 组件的安装以及在 IIS 下 Web 服务器的搭建。

2）Apache 的安装及在 Apache 下 Web 服务器的搭建。

3）HTTP 报文的结构以及工作原理。

4）HTTP 的 Conditional GET 报文的工作原理。

2. 应用场景

在使用 ASP、PHP 等编程语言开发网站后，必须通过 Web 服务进行发布，以实现在网络上让用户访问网站信息的功能。基于 B/S 工作模式的网站通常要依赖 Web 服务器进行发布。搭建 Web 服务器的应用系统种类繁多，本实验涉及 IIS 和 Apache，除此之外，其他常见的 Web 服务器应用系统还有 Nginx、LigHTTPd 等。

5.1.3　实验准备

为了完成本实验，学生需要预先掌握如下相关知识：

1）Windows IIS 和 Apache 的特性与操作。

2）Wireshark 的操作方法及其功能。

3）HTTP 的工作原理。

5.1.4　实验平台与工具

1. 实验平台

Windows Server 2008 R2 SP1。

2. 实验工具

Apache HTTPd[⊖]，Wireshark。

5.1.5　实验原理

1. HTTP

HTTP（Hypertext Transfer Protocol，超文本传输协议）是一种位于应用层的协议，主要用于分布式、协同的、超媒体信息系统。作为一种通用、无状态、面向对象的协议，它通过扩展请求方法实现多种功能，例如构建名称服务器和分布式对象管理系统。HTTP 的特性之

⊖　Apache HTTPd 的下载地址为 https://httpd.apache.org/download.cgi。

一是数据的表现形式可以在 HTTP 报文的标题行中定义和协商，使系统能够独立于数据传输进行构建。

2. HTTP 报文格式

HTTP 报文由请求和响应两种类型的报文组成。请求报文的首行被称为请求行，其后是若干行的标题行。标题行和实体部分之间通过一个空行进行分隔。请求报文的格式如图 5-1 所示。

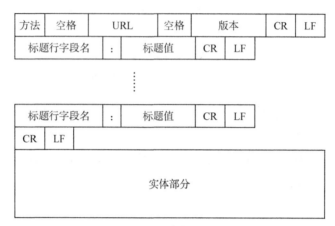

图 5-1　HTTP 请求报文的格式

HTTP 常见的请求报文的标题行的字段如下：

- User-Agent：表示客户端使用的操作系统和浏览器的名称及版本。
- If-Modified-Since：浏览器用于判断当前缓存页面是否被修改的重要字段。浏览器将页面的最后修改时间发送到服务器，服务器将其与实际文件的最后修改时间进行对比，如果时间一致，返回 304 状态码，浏览器直接使用本地缓存文件；如果时间不一致，返回 200 状态码和新的文件内容，确保客户端得到的信息是最新的信息且未过期。
- Accept：表示浏览器支持的 MIME 类型。
- Accept-Encoding：表示客户端浏览器可以支持的 Web 服务器返回内容的压缩编码类型。
- Accept-Language：表示 HTTP 客户端浏览器用来展示返回信息时优先选择的语言。
- Accept-Charset：表示浏览器可以接受的字符编码集。
- Referer：包含一个 URL，表示用户从该 URL 代表的页面出发访问当前请求的页面。
- Connection：表示是否需要持久连接。如果是 "Connection: close"，表示传送完一个文件以后，客户端和服务器之间的 TCP 连接被关闭；如果是 "Connection: Keep-Alive"，则表示传送完一个文件以后，客户端和服务器之间的 TCP 连接被保持，如果客户端再次访问这个服务器上的网页，会继续使用这一条已经建立的连接。
- Keep-Alive：HTTP 连接的 Keep-Alive 时间，即在规定的时间内，连接不会断开。

- Host（发送请求时，该标题字段是必需的）：指定被请求资源的 Internet 主机和端口号，它通常是从 HTTP URL 中提取出来的。HTTP/1.1 请求必须包含主机头域，否则系统会返回 400 状态码。
- Cookie：HTTP 请求发送时，浏览器会把保存在该请求域名下的所有 cookie 值全部发送给 Web 服务器。
- Content-Length：表示请求消息正文的长度。
- Cache-Control：控制缓存的行为，例如控制缓存的最大 Age 和是否需要重新验证等。
- DNT（Do Not Track）：表示用户是否希望在请求中启用"不追踪"机制，即用户希望网站不要追踪其浏览行为。

HTTP 响应报文的第一行称为状态行，后面紧跟若干标题行。标题行和实体部分通过空行分隔。HTTP 响应报文的格式如图 5-2 所示。

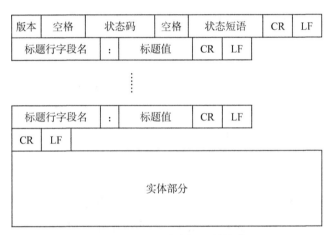

图 5-2 HTTP 响应报文的格式

常用的响应报文的标题行的字段如下：
- Date：表示响应报文发送的时间。
- Set-Cookie：这是一个非常重要的标题行，用于把 cookie 发送到客户端浏览器，每一个写入 cookie 都会生成一个 Set-Cookie。
- Last-Modified：表示资源的最后修改日期和时间。
- Content-Type：表示 Web 服务器响应的对象类型和字符集。
- Content-Length：表示实体正文的长度，以字节方式存储的十进制数字来表示。
- Content-Encoding：表示 Web 服务器使用何种压缩方法（gzip、deflate）来压缩响应中的对象。只有在解码之后才可以得到 Content-Type 头指定的内容类型。利用 gzip 压缩文档能够显著地减少 HTML 文档的下载时间。
- Server：表示 HTTP 服务器用来处理请求的软件信息。
- Connection：表示服务器是否同意使用持久连接。如果是"Connection: close"，表示传送完一个文件以后，客户端和服务器之间的 TCP 连接被关闭；如果是"Connection:

Keep-Alive"，则表示传送完一个文件以后，客户端和服务器之间的 TCP 连接被保持，如果客户端再次访问这个服务器上的网页，会继续使用这条已经建立的连接。

- Refresh：表示浏览器应该在多长时间之后刷新文档，以秒为单位计算。

3. Web 服务器软件

IIS（Internet Information Service，Internet 信息服务）最初由 Microsoft 公司发布，是 Windows NT 系列的可扩展 Web 服务组件，后来被集成到 Windows 系统的多个版本中。它支持 HTTP、HTTPS、FTP、FTPS、NNTP、SMTP 等多种服务。作为 Windows 系统的服务组件，IIS 只能在 Windows 平台下运行。

Apache 是由 Apache 软件基金会主持开发和维护的开源 Web 服务器软件。它在 UNIX 类系统中最为常见，尤其是在 Linux 系统中得到了广泛应用，同时也支持 Windows 系统。由于在不同操作系统中的配置步骤相似，Apache 具有很高的可移植性。相比 IIS，Apache 具有广泛的支持平台、强大的扩展性、相对稳定和安全等特性。

5.1.6 实验步骤

本实验包括两个主要任务：Web 服务器的搭建（IIS 和 Apache）和利用 Wireshark 截获 Web 服务的数据分组，并通过分析数据分组了解 HTTP 的工作过程。实验步骤如下：

1）在 IIS 下安装 Web 服务器并配置 Web 服务。

2）在 Apache 下安装 Web 服务器并配置 Web 服务。

3）分析 HTTP：

- 获取 HTTP 请求报文（以 GET 命令为例）及应答报文并进行分析。
- 获取 HTTP 中的 Conditional GET 报文并分析其工作原理。

1. IIS 下 Web 服务器的安装与 Web 服务的配置

在 Windows Server 操作系统下，选择"开始"菜单下的"管理工具"选项，打开"服务器管理器"，出现如图 5-3 所示的界面。

在"服务器管理器"界面选择"角色"选项以后，单击"添加角色"按钮，出现如图 5-4 所示的界面。

在图 5-4 中，勾选"Web 服务器（IIS）"选项，单击"下一步"按钮，开始安装 IIS 组件。首先，选择 Web 服务器（IIS）安装的角色服务，如图 5-5 所示。采用系统默认选项，然后单击"下一步"按钮。

Web 服务安装成功以后，Web 服务器会自动启动一个默认的站点供用户测试。打开浏览器，在地址栏中输入 http://localhost/，若出现如图 5-6 所示的界面，则表明 IIS 服务器可以正常运行，能够提供 Web 服务。

如果要发布自己的网站，可以新建一个 Web 站点。在"Internet 信息服务（IIS）管理器"面板中选择"网站"选项，单击鼠标右键，在弹出的菜单中选择"添加网站"选项，出现如图 5-7 所示的配置界面。

图 5-3　"服务器管理器"界面

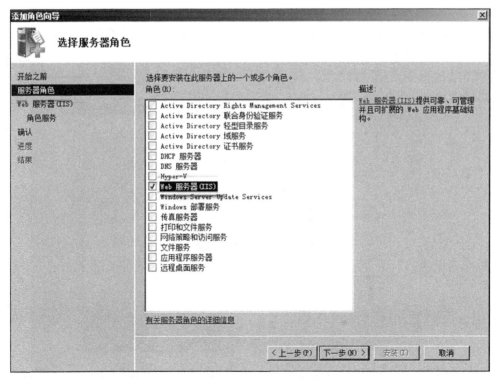

图 5-4　"选择服务器角色"界面

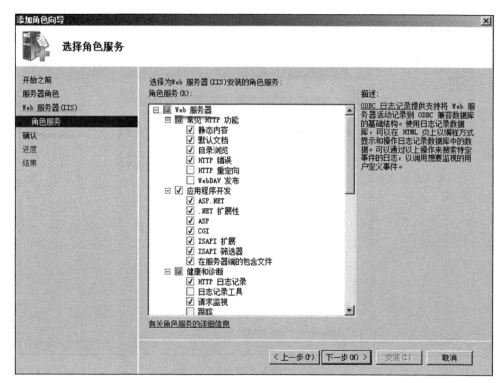

图 5-5 "选择为 Web 服务器（IIS）安装的角色服务"界面

图 5-6 "默认网站"界面

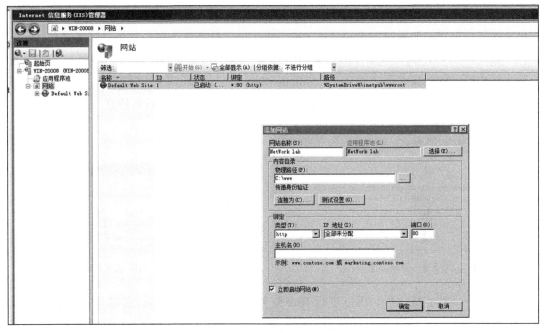

图 5-7　"添加网站"配置界面

　　在"添加网站"配置界面中,输入网站名称"NetWork lab"(这里可以任意取名),配置内容目录存放的物理路径为"C:\www"(网站的所有信息要存放在该目录下),并配置 IP 地址以及提供 Web 服务的端口。端口可以自行设置,但是一个端口只能提供一个服务。主机名是配置主机的域名,如果没有使用提供 DNS 服务,则可以不配置该项内容。当配置了网站的默认基本信息,Web 服务还需要配置网站访问时默认的首页文件的文件名。双击新建的网站"NetWork lab",出现如图 5-8 所示的界面。

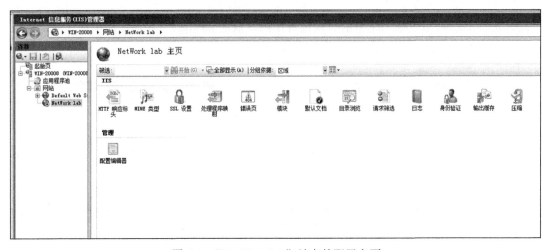

图 5-8　"NetWork lab"站点的配置主页

　　在图 5-8 中,双击"默认文档"图标,出现图 5-9 所示的 IIS 的默认文档列表,这个列表表示默认当前网站的首页文件的文件名列表，如果新建网站的首页使用列表中的文件名，则不需要进行配置；如果使用不在默认文档列表中的文件名作为网站首页，则需要在"默认文档"窗口单击鼠标右键，在弹出的菜单中选择"添加"选项，在如图 5-10 所示的输入框中输入新建网站的默认首页文件名"mainindex.htm"。通过默认文档的配置，用户在访问网站时只需要输入地址信息而不需要输入首页的文件名，就可以看到首页信息。

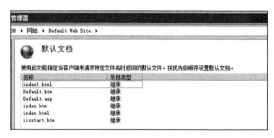

图 5-9　默认文档列表

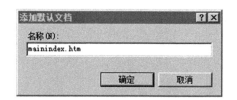

图 5-10　"添加默认文档"界面

Web 服务配置完成以后，可以进行 Web 服务测试。打开记事本，创建一个简单的网页，在记事本中输入图 5-11 中所示的信息，将文件保存为 mainindex.htm，并存放到 C:\www 目录下。

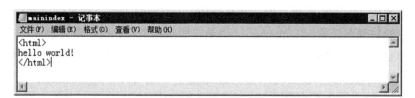

图 5-11　使用记事本编辑网站首页

打开浏览器，在地址栏中输入 localhost 或者 IP 地址就可以在浏览器中显示网站的首页信息，如图 5-12 所示。如果配置的时候没有使用默认的 80 端口，在地址栏中输入地址信息的时候必须要加入端口号（例如 http://localhost:8080）才能访问网站。

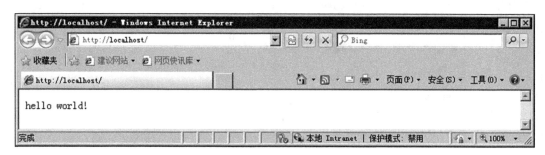

图 5-12　访问新创建的站点

提示：如果输入地址不能得到正确的首页内容，只得到了目录信息，说明没有配置默认文档，即网站访问的首页的文件名。

2. Apache 下服务器的安装与 Web 服务的配置

下载 Apache 的安装包，解压后，打开 httpd.conf 文件进行配置。首先，配置 Web 服务器可执行文件的路径。在 httpd.conf 中找到 ServerRoot 来定义服务器的根目录，如图 5-13 所示。

```
Define SRVROOT "c:/Apache24"
ServerRoot "${SRVROOT}"
```

图 5-13　配置服务器根目录

（1）设置网站根目录

在 httpd.conf 文件中查找"DocumentRoot"，将其修改为网站所在的路径"C:/www"，如图 5-14 所示。

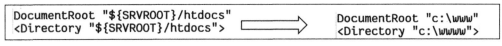

图 5-14　用"httpd.conf"文件配置根目录路径

（2）设置网站的首页文件

在 httpd.conf 文件中查找"DirectoryIndex"所在的位置，配置网站的首页文件，多个首页文件可以用半角空格隔开。服务器会根据从左至右的顺序来优先显示，如图 5-15 所示。

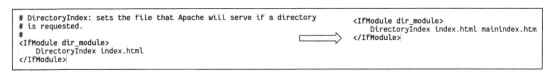

图 5-15　用"httpd.conf"文件配置网站的首页文件

（3）设置服务器的端口号

在 httpd.conf 文件中查找 Listen 端口（一般为 80 端口），也可以将其改为其他端口（如改为 8080 端口），如图 5-16 所示。

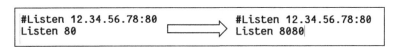

图 5-16　用"httpd.conf"文件配置服务器的端口号

3. 分析 HTTP

（1）获取 HTTP 请求报文（以 GET 命令为例）及应答报文并进行分析

为了获得完整的实验数据，在进行 Web 数据分组跟踪工作之前，需要清空当前主机浏览器的缓存，这样才能保证 Web 网页的内容是从网络获取的，而不是从缓存中读取的。我们分析 HTTP，具体步骤如下：

1）打开 Wireshark，并启动 Wireshark 的分组捕获器。

2）在 Web 浏览器的地址栏中输入：http://gaia.cs.umass.edu/wireshark-labs/HTTP-wireshark-file1.html 并按回车键。

3）停止分组捕获，如图 5-17 所示。

4）在过滤器中输入"HTTP"，只显示 HTTP 报文。

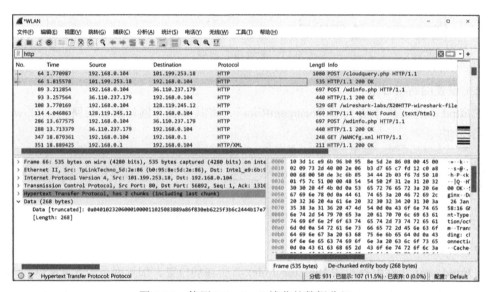

图 5-17　使用 Wireshark 捕获的数据分组

 分析从 Wireshark 中截获的数据分组并回答下面的问题（需要在实验报告中附上 Wireshark 的截图作为回答依据）：

1）浏览器和服务器运行的 HTTP 的版本号是多少？

2）当前收到数据分组的浏览器所支持的语言类型是什么？

3）客户端和服务器的 IP 地址分别是什么？

4）当前截获数据分组的浏览器所支持的压缩方式是什么？

5）浏览器支持的 MIME 类型是什么？

6）服务器返回的对象最后修改时间是什么？服务器返回给浏览器的内容共有多少字节？

7）通过什么信息可以判断服务器是否成功返回客户端所需要的信息？

8）浏览器和服务器之间采用的是持久连接还是非持久连接的方式工作？如何从截获的数据分组中进行判断？

（2）获取 HTTP 中的 Conditional GET 报文并分析其工作原理

为了获得完整的实验数据，我们在进行 Web 数据分组跟踪工作之前，必须清空当前主机浏览器的高速缓存。这样做的目的是确保首次捕获的 Web 网页数据是从网络传输的，而不是从本地高速缓存中读取的。

1）打开 Wireshark，启动 Wireshark 分组捕获器。

2）在浏览器地址栏中输入目标网址（例如：http://gaia.cs.umass.edu/wireshark-labs/HTTP-wireshark-file2.html），然后按回车键。

3）重新在浏览器地址栏中输入相同的 URL，再次按回车键或单击浏览器中的"刷新"按钮。

4）停止 Wireshark 的分组捕获。

5）在过滤器中输入"HTTP"，只显示 HTTP 数据分组。

 分析从 Wireshark 中截获的数据分组并回答下面的问题（需要在实验报告中附上 Wireshark 的截图作为回答依据）：

1）分析浏览器向服务器发出的第一个 HTTP GET 请求的内容，在该请求报文中，是否有 If-Modified-Since 标题行？为什么？

2）分析浏览器第二次向服务器发出的 HTTP GET 请求的报文，在该请求报文中，是否有 If-Modified-Since 标题行？如果有，那么在"IF-MODIFIED-SINCE："头部之后是什么信息？

3）在对第二个 HTTP GET 的响应报文中，服务器返回的 HTTP 状态码和短语是什么？服务器是否明确返回了文件的内容？

5.1.7　实验总结

本实验旨在让学生掌握 IIS 和 Apache 服务器的配置方法，并通过捕获 HTTP 分组来了解 HTTP 的工作过程。在实验过程中，学生应注意观察不同场景下捕获的 HTTP 报文的标题行的差异，并能够根据标题行的内容分析 HTTP 的工作原理。

5.1.8　思考与进阶

 思考：如果客户端发送的 HTTP 请求报文的标题行中包括下面一行的内容：connection:alive，而服务器回复的标题行是 connection:close，请问浏览器和服务器之间是采用持久连接还是非持久连接进行工作？为什么？

进阶：若通过 HTTP 下载一个大文件，分析 HTTP 的请求报文和响应报文的情况。

5.2　FTP 服务器的搭建及 FTP 协议分析

5.2.1　实验背景

FTP（文件传输协议）是一种广泛应用的网络共享文件的传输协议。FTP 的目的是实现文件共享，使用户能够间接地访问远程计算机上的存储介质，并能够可靠、高效地传送数据。FTP 与操作系统无关，只要遵循 FTP，程序就能在不同的操作系统上进行数据交换。

5.2.2 实验目标与应用场景

1. 实验目标

本实验旨在让学生掌握在 Windows Server 下搭建 FTP 服务器的方法，以及使用 FTP 命令传输文件的过程。学生需要在配置好的 FTP 服务中完成文件的上传和下载，并使用 Wireshark 捕获会话过程的数据包。通过分析 FTP 报文，学生应理解 FTP 的原理和工作机制。通过本实验，学生应该掌握如下知识点：

1）在 Windows Server 下搭建 FTP 服务器的配置方法。

2）FTP 报文的结构。

3）FTP 的控制连接和数据连接工作方式的差异。

4）FTP 在什么场合下会打开数据连接。

2. 拓展应用场景

FTP 是一种常用的网络文件传输协议，它可以在网络环境中实现文件的共享和传输，同时保证文件传输的可靠性和效率。FTP 可以使用户透明地访问远程计算机上的存储介质和文件系统，无须关心文件的物理位置和格式。FTP 还可以实现不同操作系统之间的文件共享，通过在 FTP 服务器上创建文件的副本，并控制副本的修改和回传，使用户能够在不同的平台上读写文件。不同的操作系统可以使用不同的软件来搭建 FTP 服务，例如 Windows 操作系统可以使用自带的 IIS 服务器或者第三方的 Server-U 软件来搭建 FTP 服务，而 Linux 操作系统可以使用 Proftpd 软件等来搭建 FTP 服务。

5.2.3 实验准备

为了完成本实验，学生需要预先掌握以下相关知识：

1）在 Windows 下使用 IIS 搭建 FTP 服务器的方法。

2）使用 Wireshark 抓取和分析网络数据包的方法。

3）FTP 的工作原理和传输模式。

5.2.4 实验平台与工具

1. 实验平台

Windows Server 2008 R2 SP1。

2. 实验工具

Wireshark。

5.2.5 实验原理

FTP 是一种支持交互式访问的网络协议，它允许客户端指定文件的类型和格式（例如是否使用 ASCII 码），并设置文件的存取权限。FTP 是基于 TCP 的应用层协议，它不支持

UDP。此外，FTP 与其他基于 TCP 的网络协议有所不同，其他基于 TCP 的网络协议在会话过程中只建立一个 TCP 连接，用于双向传送命令和数据；而 FTP 的会话过程则是将命令和数据分开，使用不同的 TCP 连接进行传送。在 FTP 的传输过程中，通常会使用两个端口：控制端口（21）和数据端口（20）。控制端口用于传送控制命令，数据端口用于传送数据。但是，数据端口的选择与 FTP 的传输模式有关，如果采用主动模式（PORT 方式，Standard模式），那么数据端口就选择 20；如果采用被动模式（PASV 方式，Passive 模式），则数据端口由服务器端和客户端协商确定。每一个 FTP 命令发送之后，FTP 服务器都会返回一个响应字符串，其中包含一个状态码和一个状态信息。

5.2.6　实验步骤

本实验包含两个主要任务，分别是在 Windows 下使用 IIS 搭建 FTP 服务器，以及使用 Wireshark 抓取和分析 FTP 服务的数据包。通过本实验，学生可以深入了解 FTP 的工作原理和传输模式。实验步骤如下：

1）在 IIS 下安装 FTP 服务器并配置 FTP 服务：

- 安装 FTP 服务器。
- 创建 FTP 用户账号。
- 对 FTP 进行基本配置。
- 对 FTP 服务进行测试。

2）分析 FTP。

1. IIS 下 FTP 服务器的安装与 FTP 服务的配置

（1）FTP 服务器的安装

在 Windows Server 操作系统下，单击"开始"菜单，选择"管理工具"选项，打开"服务器管理器"窗口，如图 5-18 所示。

在"服务器管理器"窗口中，选择"角色"选项，然后单击"添加角色"按钮，就会出现如图 5-19 所示的界面。

在图 5-19 中，选择"Web 服务器（IIS）"选项，然后单击"下一步"按钮，就会开始安装 IIS 组件，并出现如图 5-20 所示的"选择角色服务"界面。

在图 5-20 中选择"FTP 服务器"选项，然后单击"下一步"按钮，一直到安装完成为止。

（2）FTP 用户账号的创建

IIS 提供的 FTP 服务是与 Windows 系统账户密切相关的。由于 FTP 没有创建独立账户的功能，所以搭建 FTP 服务器后，可以使用 Windows 自带的系统账户登录，FTP 账户和 Windows 操作系统账户是一致的。因此，在使用 FTP 服务之前，必须先在操作系统中创建相应的账户。在 Windows Server 操作系统下，单击"开始"菜单，选择"管理工具"选项，打开"服务器管理器"，然后在"配置"菜单中选择"本地用户和组"。选择"用户"选项，单击鼠标右键，在弹出的菜单中选择"添加新用户"，出现如图 5-21 所示的界面。在图 5-21

中的"新用户"配置窗口,输入用户名(这里设置为 ftptest)和密码,并勾选"密码永不过期",单击"创建"按钮,即可完成新用户的创建。

图 5-18 "服务器管理器"界面

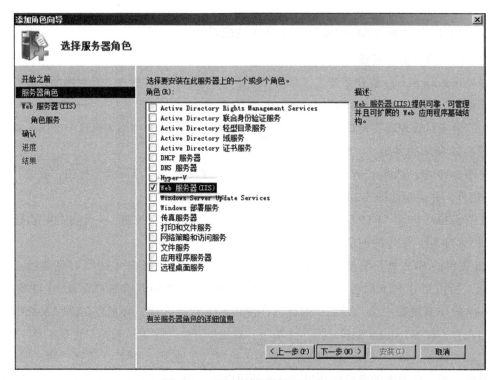

图 5-19 "选择服务器角色"界面

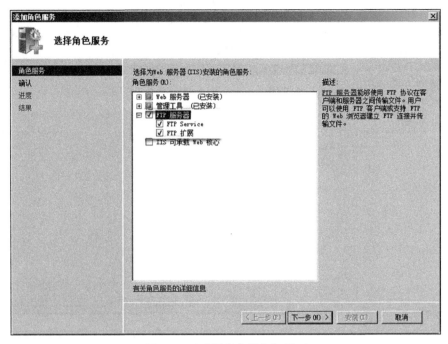

图 5-20 "选择角色服务"界面

图 5-21 "新用户"配置界面

（3）FTP 的基本配置

在 Windows Server 操作系统下，单击"开始"菜单，选择"管理工具"选项，打开
"Internet 信息服务（IIS）管理器"。在"网站"选项上单击鼠标右键，在弹出的菜单中选择
"添加 FTP 站点"，就会出现如图 5-22 所示的界面。

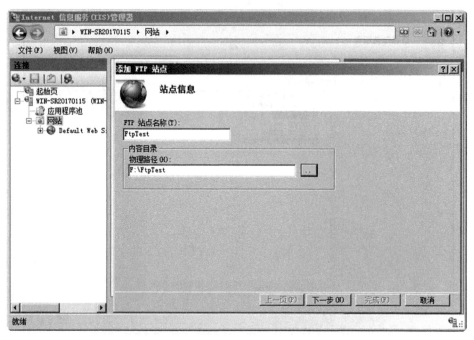

图 5-22   "添加 FTP 站点"界面

在这个界面中，输入 FTP 站点的名称（FtpTest），并指定 FTP 站点的主目录。默认的主目录是系统目录下的 inetpub 文件夹中的 ftproot 文件夹，也可以通过单击输入框右边的按钮，选择其他的目录，例如"F:\FtpTest"。配置好后，单击"下一步"按钮，出现如图 5-23 所示的界面。在图 5-23 所示的界面中，设置 FTP 服务的端口为 21，或者选择其他端口（如果选择其他端口，访问 FTP 服务时要加上端口号）。本实验不需要使用 SSL 证书，所以 SSL 下面选择"无"，然后单击"下一步"按钮。

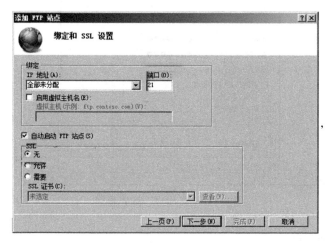

图 5-23   "绑定和 SSL 设置"界面

FTP 服务配置的最后一步是设置身份验证和授权，其界面如图 5-24 所示。其中，选择"匿名"表示不对用户进行验证，适用于不涉及安全验证的信息的公开访问；选择"基本"

表示要求用户输入用户名和密码，但这只是低级别的安全性，因为密码是以明文（未加密的文本）的形式在网络上发送的，容易被截获。选择"基本"选项后，要指定哪些用户可以访问 FTP 服务，从"允许访问"选项的下拉框中选择"指定用户"选项，输入在图 5-21 中创建的 Windows 新用户 ftptest 的用户名。同时，要设置 ftptest 的访问权限，如果同意用户 ftptest 可以上传信息到服务器，就要选择"写入"选项。设置好后，单击"完成"按钮，结束 FTP 服务配置。

图 5-24　"身份验证和授权信息"配置界面

（4）FTP 服务测试

FTP 服务器配置完成后，有两种方式可以测试配置是否成功。第一种方式是在客户端浏览器的地址栏中输入"ftp:// 服务器 IP 地址 [:ftp 端口号]"。如果使用的是默认的 21 端口号，则可以省略端口号。如果浏览器弹出输入用户名和密码的对话框，表示配置成功。输入正确的用户名和密码后，即可对 FTP 服务器上的文件进行操作。第二种方式是在命令行中输入"ftp 服务器 IP 地址"并按回车键，然后根据提示输入账号和密码。如果登录成功，表示 FTP 服务和账号配置正确。

提示：如果用第二种方式登录 FTP 服务器失败，可能有以下两个原因。①操作系统中没有创建相应的用户。这时需要在操作系统中添加 FTP 用户，并设置相应的权限和密码。②客户端和服务器之间的网络不通。这时需要在命令行中使用 ping 服务器 IP 地址命令，检查是否能够收到服务器的响应。如果不能，说明网络存在问题，需要检查网络配置和连接。

2. 分析 FTP：获取 FTP 的数据包并进行分析

1）在客户端主机上打开 Wireshark，选择合适的网络接口，启动分组捕获器。

2）在 Windows 下的命令行窗口中，输入"ftp 121.48.227.28"（这个 IP 地址应根据具体配置情况来决定）并按回车键，连接到 FTP 服务器。

3）按照提示，输入用户名"ftptest"和密码"Admin123456"，登录到 FTP 服务器。

4）输入 LIST 命令，查看当前远程主机的目录信息。然后输入"MGET   php+apache 2.2.25.zip"命令，将远程服务器的文件下载到本地主机。

5）等待下载完成后，单击 Wireshark 的停止按钮，停止分组捕获，如图 5-25 所示。

6）在 Wireshark 的过滤器框中，输入"ip.addr == 121.48.227.28"，过滤出与 FTP 服务器相关的数据分组。

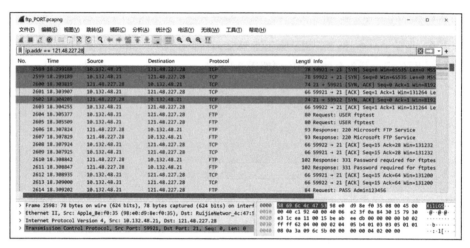

图 5-25   Wireshark 捕获的 FTP 会话过程中的数据分组

  分析从 Wireshark 中截获的数据分组并回答下面的问题（需要在实验报告中附上 Wireshark 的截图作为回答依据）：

1）在客户端发送 FTP 报文之前，Wireshark 首先截获了什么数据分组？这些数据分组的作用是什么？

2）客户端和服务器在进行三次握手建立连接时，各自使用了哪些端口？这些端口的特点和区别是什么？

3）当服务器和客户端要打开数据连接时，它们会交换哪些数据分组信息？这些信息中包含了哪些重要的字段？如何根据这些字段计算数据连接的客户端端口号？

4）如何从截获的数据分组中分析计算文件传输的时间？请计算出文件传输的时间。

5）在整个 FTP 的会话过程中，服务器和客户端之间会使用哪些命令来打开和关闭数据连接？这些命令的含义和作用是什么？

5.2.7 实验总结

本实验旨在让学生掌握 FTP 服务器的配置方法，并通过对 FTP 数据包的捕获，分析 FTP 的工作原理和机制。在实验过程中，学生重点要理解 FTP 为什么被称为"带外传输"，以及 FTP 如何通过控制连接来建立和关闭数据连接。

5.2.8 思考与进阶

思考： 在 FTP 中发送 LIST 控制命令后，服务器会返回什么样的响应报文？LIST 命令的结果是通过哪种连接来传送的？为什么？

进阶： 通过抓包，探究 FTP 的两种不同工作方式（即主动模式和被动模式），以及两种传输模式（ASCII 传输模式和 Binary 传输模式）之间的差别。

5.3 DNS 服务器的配置与 DNS 协议分析

5.3.1 实验背景

在计算机网络中，主机之间通信时需要通过 IP 地址来确定对方的位置。但是，IP 地址是用一串很长的二进制数字表示的，即使转换成十进制数字，也不容易记忆。为了解决这个问题，人们设计了一种将 IP 地址转换成有意义的字符串名字的方法，这就是域名系统（Domain Name System，DNS）。DNS 是网络中非常重要的一种地址信息服务，几乎所有的网络应用程序都会使用 DNS。

5.3.2 实验目标与应用场景

1. 实验目标

本实验的目标是让学生在 Windows Server 环境下，搭建并配置局域网内部的 DNS 服务器，并通过对 DNS 报文的捕获和分析，掌握 DNS 协议的原理和工作过程。通过本实验，学生应该掌握如下知识点：

1）Windows Server 下 DNS 服务器的安装和设置。

2）DNS 协议的基本概念和功能。

3）DNS 协议的资源记录类型和应用场景。

2. 拓展应用场景

在实际应用中，服务器可以通过 DNS 供应商提供的免费域名服务（如国内知名的 DNSPod）来实现域名解析。但是，为了方便管理（例如服务器 IP 更改后，域名也需要及时更新；内部网络设置 AD 域控制器后，需要结合 DNS 使用等），并且避免外部 DNS 被攻击的风险，企业往往会选择自建 DNS。此外，为了防止因为一台 DNS 服务器故障导致整个域名解析服务中断，大型企业通常会采用 DNS 主从结构，即设置一个主 DNS 服务器和一个或多个备用 DNS 服务器。由于 DNS 服务器的重要性和使用的频繁性，某些 DNS 服务器可能会面临访问量过大的问题。为了降低 DNS 服务器的负载，减少网络流量，可以采用以下优化策略：

1）备份根服务器：当本地 DNS 服务器无法解析某个域名时，需要向根服务器发起请求，这会导致根服务器的访问量非常大。通过设置多个互为备份的根服务器，可以分担其压力并提高其可靠性。

2）设置缓存：根据域名解析的局部性原理可以知道，在一段时间内，相同的域名解析请求很可能会重复出现，因此，DNS 服务器可以在缓存中保存查询结果，以提高解析效率并减少网络开销。

3）在路由器上设置 DNS 中继（也称为 DNS 代理），可以实现域名的直接解析、拦截和转发，从而减少 DNS 服务器的访问次数和延迟时间。

5.3.3　实验准备

为了完成本实验，学生需要预先掌握以下知识：

1）Windows Server 下安装和设置 DNS 服务器的方法。

2）DNS 协议的基本概念和功能，以及域名解析的过程和原理。

3）Wireshark 的基本操作和使用技巧。

5.3.4　实验平台与工具

1. 实验平台

Windows Server 2008 R2 SP1。

2. 实验工具

Wireshark。

5.3.5　实验原理

1. 基本概念

DNS 是一种为 TCP/IP 应用程序提供主机域名和 IP 地址之间映射关系以及电子邮件路由信息的分布式数据库。DNS 服务器使用 53 端口，同时支持 UDP 和 TCP 两种传输协议。由于 Internet 中的路由信息太多，不可能由单个 DNS 服务器存储，因此，这些信息被分散保存在不同的 DNS 服务器上。正因为如此，域名系统具有层次化的结构，需要世界各地的 DNS 服务器相互协作，才能实现全球网络设备的域名解析。

2. 相关知识补充

DNS 资源记录（Resource Record，RR）是指每个域包含的与之相关的资源信息。资源记录的格式如下：

```
(NAME, TYPE, CLASS, TTL, RDLENGTH, RDATA)
```

各部分的含义如下：

- NAME：表示资源记录包含的域名。
- TYPE：表示资源记录的类型。
- CLASS：表示 RDATA 的类。

- TTL：表示资源记录可以缓存的时间，0 表示不缓存。
- RDLENGTH：表示 RDATA 的长度。
- RDATA：资源记录的类型对应的资源信息。

常用的资源记录类型如表 5-1 所示。

表 5-1　常用的资源记录类型

类型	名称	说明
A	IPv4 主机地址资源记录	将 DNS 域名映射到 Internet 协议版本 4 的 32 位地址
AAAA	IPv6 主机地址资源记录	将 DNS 域名映射到 Internet 协议版本 6 的 128 位地址
NS	名称资源记录	用于说明这个区域有哪些 DNS 服务器负责解析，返回这个区域负责解析的服务器主机名
MX	邮件交换器资源记录	用于获取这个区域中担任邮件服务器的主机
CNAME	规范名资源记录	将别名或备用的 DNS 域名映射到标准或主要 DNS 域名。此数据中所使用的标准或主要 DNS 域名是必需的，并且必须解析为名称空间中有效的 DNS 域名
PTR	指针资源记录	PTR 记录是 A 记录的逆向记录，作用是把 IP 地址解析为域名

3. 实验的拓扑结构

在局域网内部搭建 DNS 域名系统，为局域网主机配置域名及别名，探究 DNS 的工作原理和过程。实验的拓扑结构如图 5-26 所示，实验中所用设备的 IP 信息配置如表 5-2 所示。

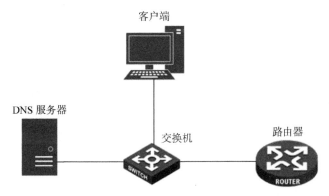

图 5-26　DNS 实验的拓扑结构

表 5-2　DNS 实验中主机的 IP 配置情况

设备	IP 地址	子网掩码	默认网关	DNS 服务器地址
DNS 服务器（被解析的主机）	192.168.1.199	255.255.255.0	192.168.1.1	192.168.1.199
客户端主机	192.168.1.155	255.255.255.0	192.168.1.1	192.168.1.199

提示：DNS 服务器必须使用固定 IP 地址，不能使用动态获取 IP 地址。

5.3.6　实验步骤

本实验主要分为两个部分，第一部分是在 Windows Server 系统下搭建 DNS 服务器，并为局域网主机配置域名和别名；第二部分是利用 Wireshark 捕获 DNS 服务的数据包，并通过分析数据包的内容来了解 DNS 协议的工作原理和过程。

1）安装与配置 DNS 服务器：

- 安装 DNS 服务器。
- 配置 DNS 服务器。
- 配置 DNS 客户端。
- DNS 域名解析测试。

2）分析 DNS 协议。

1. DNS 服务器的安装与配置

（1）DNS 服务的安装

在 Windows Server 操作系统下，选择"开始"菜单下的"管理工具"选项，打开"服务器管理器"。如图 5-27 所示，在服务器管理器中，选择添加角色和功能，按照向导的提示，选择"DNS 服务器"角色，安装完成后重启服务器。

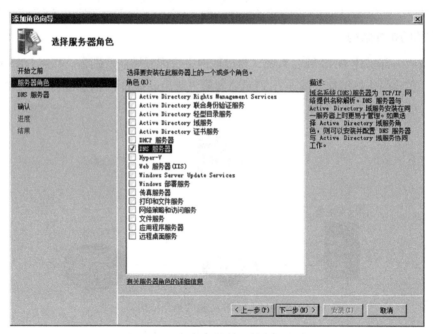

图 5-27 "添加角色向导"界面

（2）DNS 服务器配置

在 Windows Server 操作系统下，打开"开始"菜单，选择"管理工具"选项，找到并打开"DNS"菜单项，进入 DNS 管理器。在 DNS 管理器中，双击主机图标，展开"正向查找区域"选项，右键单击"新建区域"，弹出新建区域向导，如图 5-28 所示。

打开"新建区域向导"后，单击"下一步"按钮，进入"区域类型"配置界面，如图 5-29 所示。在该界面中，选择"主要区域"作为区域类型，并单击"下一步"按钮。

在出现的图 5-30 所示的界面中，输入新建区域的域名，例如"test.com"，单击"下一步"按钮。注意,由于本实验是在局域网中进行的,因此域名可以任意设置,不需要与互联网上的域名相对应。

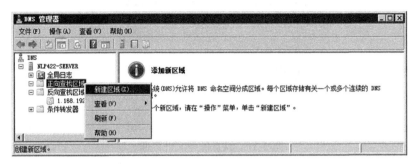

图 5-28 "DNS 管理器"界面

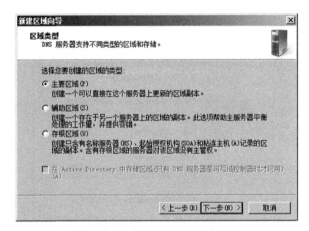

图 5-29 "区域类型"配置界面

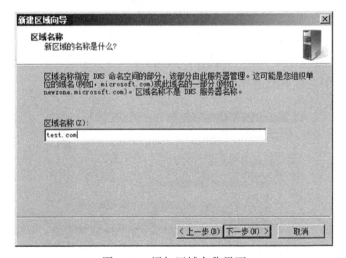

图 5-30 添加区域名称界面

在图 5-31 所示的界面中,选择"创建新文件,文件名为"选项,使用默认的选项和文件名,单击"下一步"按钮。

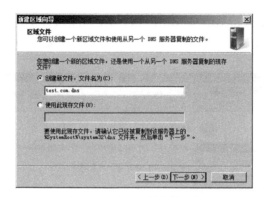

图 5-31   设置区域文件界面

在"动态更新"配置界面中，按照向导的默认设置，选择"不允许动态更新"选项，单击"下一步"，进入如图 5-32 所示的界面。最后，单击"完成"按钮，完成 DNS 服务器正向查找区域的配置。

图 5-32   新建区域完成界面

反向区域用于将 IP 地址映射到对应的域名。在 DNS 管理器中，选中主机图标，展开"反向查找区域"选项，右键单击"新建区域"，打开新建区域向导，单击"下一步"按钮，进入如图 5-33 所示的区域类型选择界面。

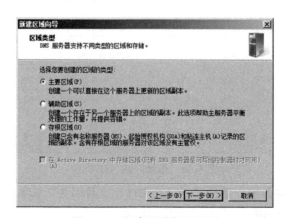

图 5-33   新建区域类型界面

在图 5-33 中，首先选择"主要区域"作为区域类型，然后单击"下一步"按钮。接下来，系统会进入"反向查找区域名称"界面，如图 5-34 所示。

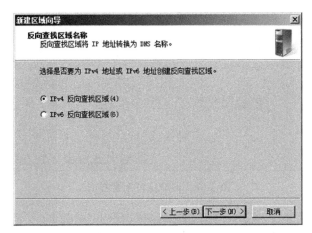

图 5-34 "反向查找区域名称"界面

如图 5-34 所示，勾选"IPv4 反向查找区域"选项后，弹出反向查找区域网络 ID 配置界面，如图 5-35 所示。在该界面中使用默认配置，再单击"下一步"按钮。

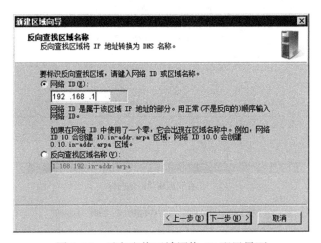

图 5-35 反向查找区域网络 ID 配置界面

如图 5-35 所示，选中"网络 ID"选项，并在输入框中填写网络 ID "192.168.1.0"。这里要配置的 ID 是要查找的网络范围，因此输入的是查找网络的网络号，而不是主机号。然后单击"下一步"按钮，系统会弹出区域文件配置界面，如图 5-36 所示。

如图 5-36 所示，在"区域文件"配置界面，选中"创建新文件，文件名为"选项，使用系统默认的文件名。然后单击"下一步"按钮，系统会弹出"动态更新"配置界面，如图 5-37 所示。

如图 5-37 所示，在"动态更新"配置界面中，选中"不允许动态更新"选项，然后单击"下一步"按钮。这样，反向查找的区域配置就完成了，如图 5-38 所示。

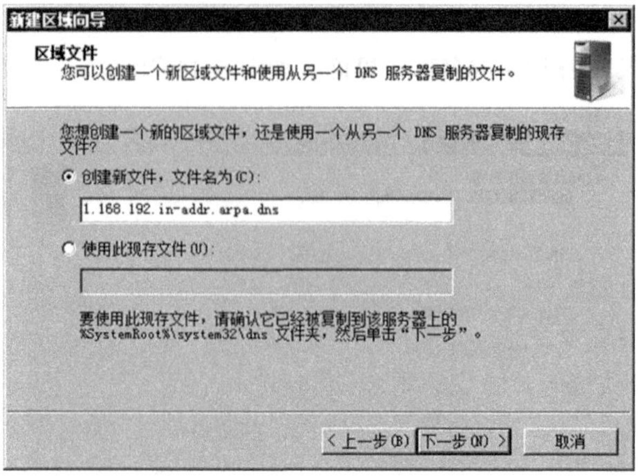

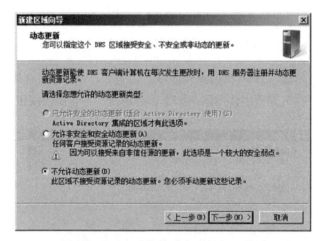

图 5-36   区域文件配置界面

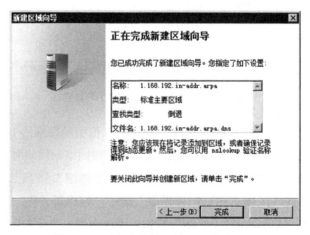

图 5-37   反向查找的动态更新配置界面

图 5-38   反向查找的区域配置完成界面

正向查找和反向查找的区域配置完成以后，需要配置主机的域名。本实验要求配置主机名及主机的别名。邮件服务器的主机名和别名的配置方法类似，其配置方法将在第 11 章的综合实验中详细介绍。在"DNS 管理器"界面中，选择正向查找区域下的 test.com 区域，然后单击右键，弹出菜单，如图 5-39 所示。

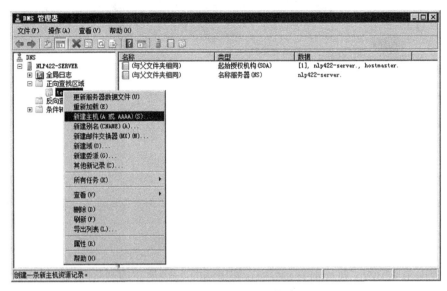

图 5-39 "新建主机"菜单

在图 5-39 所示的弹出菜单中，选择"新建主机"选项，进入主机域名的配置界面，如图 5-40 所示。在该界面中，输入主机名称"www"和该主机的 IP 地址（这个主机可以是局域网中任何一台机器）。然后单击"添加主机"按钮，完成主机域名的配置。如果已经配置了反向查找区域，"创建相关的指针（PTR）记录"选项会自动勾选，系统会在反向查找区域创建相应的指针记录。如果没有配置反向查找区域，该选项会变为灰色，无法勾选。

提示：不配置反向区域也能正确解析主机域名，但是不能通过 IP 反向解析域名。

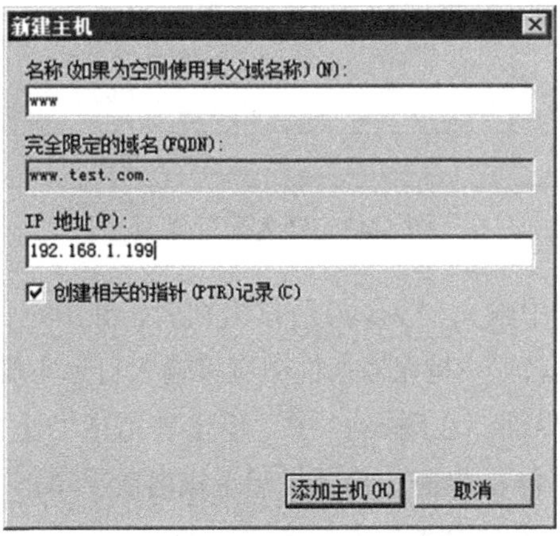

图 5-40 "新建主机"配置界面

在新建了主机的 A 类型的资源记录之后，可以为该主机新建别名。如图 5-41 所示，在"test.com"子域选项上，单击鼠标右键，会弹出菜单。

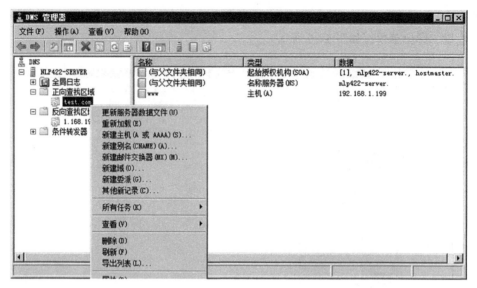

图 5-41　"新建别名"界面

选择弹出菜单中的"新建别名"选项,弹出如图 5-42 所示的别名配置界面。

图 5-42　别名配置界面

在"别名"下的文本框中输入"www1"作为别名,并指定目标主机的域名。有两种方法可以设置别名对应的标准名:一是在输入框中直接输入目标主机的域名;二是单击"浏览"按钮,出现如图 5-43 所示界面。在图 5-43 中,单击表格中的主机,会出现正向查找区域、子区域,一直到出现如图 5-44 的界面,找到目标主机名后,单击"确定"按钮。

配置完成后,选择"DNS 管理器"左侧菜单中的"test.com"选项,在右侧窗口中将显示新增的 www 主机和 www1 别名的资源记录信息,如图 5-45 所示。

选择"DNS 管理器"左侧菜单中的反向查找区域的"1.168.192.in-addr"选项,在右侧窗口中将显示指针的资源记录信息,如图 5-46 所示。

图 5-43 查找对应主机界面

图 5-44 找到对应主机

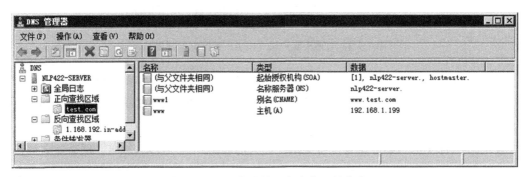

图 5-45 配置完成的正向查找区域信息

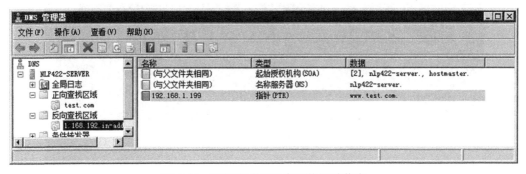

图 5-46 配置完成的反向查找区域信息

（3）DNS 客户端配置

DNS 服务器配置完成以后，为了进行后续实验，DNS 客户端需要重新设置本机的 TCP/IP 属性，将 DNS 服务器的地址改为局域网内的 DNS 服务器的 IP 地址，如图 5-47 所示。

（4）DNS 解析测试

在客户端主机的命令行中输入 ipconfig/flushdns 命令清空主机的 DNS 缓存，然后输入 ping www.test.com 和 ping www1.test.com。如果主机域名和别名都能 ping 通，就表示域名解析成功。

图 5-47　DNS 客户端 TCP/IP 属性配置界面

　　提示：如果 ping 不通，可能是下面几种可能原因造成的：①客户端和 www.test.com 主机自身通过 IP 地址都无法 ping 通；②客户端主机的首选 DNS 服务器未配置为 192.168.1.199 的本地 DNS 服务器 IP 地址。

　　反向指针通过 nslookup 命令进行测试，如果能够得到 IP 对应的域名，那么反向解析就成功了，解析结果如图 5-48 所示。

图 5-48　反向指针测试的解析结果

2. 分析 DNS 协议：获取 DNS 域名解析报文并进行分析

1）在命令行中输入 ipconfig /flushdns，按回车键，清空客户端主机的 DNS 缓存。

2）打开 Wireshark，启动 Wireshark 分组捕获器。

3）在命令行输入 ping www.test.com，按回车键，测试域名 www.test.com 的解析情况。

4）在命令行输入 ping www1.test.com，按回车键，测试别名 www1.test.com 的解析情况。

5）在命令行输入 nslookup 192.168.1.99，按回车键，测试反向指针的解析情况。

6）停止分组捕获。

7）在过滤器中输入"dns"，只显示 DNS 数据分组，如图 5-49 所示。

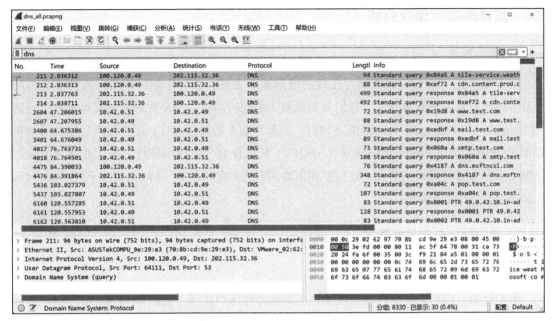

图 5-49 Wireshark 捕获 DNS 数据的界面

 分析从 Wireshark 中截获的数据分组并回答下面的问题（需要在实验报告中附上 Wireshark 的截图作为回答依据）：

1）在捕获 ping 命令的 ICMP 报文之前，从客户端主机发送了什么类型的应用层报文？

2）DNS 报文是封装在 UDP 报文中，还是封装在 TCP 报文中？

3）在解析 www.test.com 域名时，服务器使用什么类型的资源记录作为应答报文返回给客户端？

4）在进行别名 www1.test.com 域名解析时，服务器返回什么类型的资源记录？

5）通过 nslookup 命令反向解析 IP 地址对应的域名是什么？服务器返回什么类型的资源记录？

5.3.7 实验总结

本实验旨在通过局域网中的域名解析，让学生了解 DNS 的基本工作原理。但是，广域网中的 DNS 解析是一个非常复杂的过程，需要多个服务器和多个 DNS 报文的交互。在实验过程中，为了有效地捕获 DNS 查询和应答报文，需要注意清空本机的 DNS 缓存。

5.3.8 思考与进阶

 思考： 在广域网环境下，分析 www.baidu.com 域名的解析过程。

进阶： 分析 DNS 的 RFC 1053 文档，说明 DNS 在什么时候使用 TCP 的 53 端口进行 DNS 报文的交换。

5.4　邮件服务的协议分析

5.4.1　实验背景

电子邮件是一种无须双方同时在线的网络通信方式，具有广泛的应用。邮件服务的两种基本功能是发送和收取邮件，它们分别依赖于不同的协议。用户代理使用简单邮件传输协议（Simple Mail Transfer Protocol，SMTP）向邮件服务器发送邮件；用户代理使用邮局协议版本 3（Past Office Protocol version 3，POP3）从邮件服务器读取邮件。为了在邮件传输过程中支持非 ASCII 编码的信息，还需要使用通用因特网邮件扩充（Multipurpose Internet Mail Extensions，MIME）协议。

5.4.2　实验目标与应用场景

1. 实验目标

本实验的目标是让学生在客户端主机上配置邮件用户代理（Mail User Agent，MUA）软件，并通过捕获发送和接收邮件的数据包，了解 SMTP 和 POP3 的工作原理，以及 MIME 如何与 SMTP 配合，实现非 ASCII 数据的传输。通过本实验，学生应该掌握以下知识点：

1）SMTP 的工作原理和基本命令。

2）MIME 协议的基本格式和编码方式。

3）RFC 822 标准定义的邮件格式和头部字段。

4）POP3 的工作原理和基本命令。

2. 拓展应用场景

在邮件服务协议中，SMTP 作为邮件发送协议，自从提出以来几乎没有变化。对于邮件获取协议，除了 POP3 之外，还有 IMAP（Internet Mail Access Protocol，Internet 邮件访问协议）。在 POP3 下，获取的邮件将保存在客户端，除非有特殊设置，否则服务器将在一段时间后删除邮件，这样就会导致其他客户端无法收取同一封邮件。而且，POP3 下的客户端对邮件的标记、移动等操作也不会同步到服务器。相比之下，IMAP4 与 POP3 相似，但是它提供了服务器和客户端之间的同步更新功能。也就是说，IMAP 能够保证客户端和服务器端的邮件一致，从而更好地支持多点访问。目前，许多邮件服务提供商都已经全面支持 IMAP，包括网易 163 邮箱、qq 邮箱等。用户只需要使用支持 IMAP 的客户端软件（例如 Foxmail、Outlook Express 等），并在邮箱设置中开启 IMAP 服务，就可以在个人计算机、手机和平板等设备上享受相应的服务。

5.4.3　实验准备

为了完成本实验，学生需要预先掌握以下知识：

1）SMTP 的工作过程。

2）MIME 的格式。

3）RFC 822 的邮件格式定义。

4）POP3 的工作过程。

5）Wireshark 软件的使用方法。

5.4.4 实验平台与工具

1. 实验平台

Windows Server 2008 R2 SP1（使用任何操作系统均可完成该实验）。

2. 实验工具

Wireshark、Foxmail。

5.4.5 实验原理

1. SMTP

SMTP 是一种用于发送邮件的标准协议，它默认使用 TCP 的 25 端口。SMTP 规定，发送的数据必须是 7 位的 ASCII 码，如果要发送多个文件，那么这些文件就要作为 SMTP 报文的不同部分进行分割并发送。表 5-3 中给出了 SMTP 的常用命令。

表 5-3 SMTP 的常用命令

命令	参数	描述
HELO	\<domain\>	发送方的主机名
AUTH LOGIN	None	登录到 SMTP 服务器，接下来输入用户名和密码
MAIL FROM	\<mail address\>	初始化邮件会话，指定邮件发送方
RCPT TO	\<mail address\>	指定邮件接收方
DATA	None	发送邮件内容

2. RFC 822

RFC 822 定义了电子邮件的标准格式。一封电子邮件的内容包括首部和邮件主体部分。在 RFC 822 中对邮件的首部进行了规定，常用的电子邮件首部如下：

- From：发件人的电子邮箱。
- To：接收者的邮件地址列表。
- Subject：邮件主体。
- Date：发信日期。

3. MIME

MIME 是一种在 RFC 822 标准的基础上，实现非 ASCII 码邮件信息传输的扩展协议。MIME 在邮件的主体部分增加了五个新的首部字段，分别是：

- MIME-Version：表示 MIME 的版本号，目前为 1.0。
- Content-Description：描述邮件主体的内容，如图像、音频或视频等。

- Content-ID：给邮件分配一个唯一的标识符。
- Content-Transfer-Encoding：指定邮件主体的编码方式，如 Base64、Quoted-Printable 等。
- Content-Type：指明邮件主体的数据类型和子类型，格式为：type/subtype; parameters，如 text/plain; charset=UTF-8。

表 5-4 列出了 MIME 的常用类型和子类型。

表 5-4　MIME 的常用类型和子类型

类型	子类型	说明
Text	Plain	无格式文本
	Html	HTML 格式文本
Image	Gif	GIF 格式图像
	Jpeg	JPEG 格式图像
Audio	Basic	可听见的声音文件
Application	Msword	Word 文件
Multipart	Mixed	几个独立部分
	Alternative	不同格式的同一邮件
	form-data	用于 HTML 表单从浏览器给服务器发送信息

4. POP3

POP3 是一种用于接收邮件的标准协议，它默认使用 TCP 的 110 端口，其目的是让客户主机能够从邮件服务器上下载邮件。

表 5-5 给出了 POP3 常用的命令。

表 5-5　POP3 常用的命令

命令	参数	描述
USER	<name>	用户名
PASS	<password>	密码，明文输入
STAT	None	服务器上的邮件状态，包括邮件数量和总字节数
LIST	Mgsid	列出邮件数量及大小
RETR	Mgsid	下载对应 id 的邮件
QUIT	None	退出邮件服务器

5.4.6　实验步骤

本实验的目的是让学生通过分析 SMTP 和 POP3 数据包，了解邮件发送和接收协议的原理。本实验包括以下四个步骤：

1）邮件用户代理的安装和配置。

2）SMTP 和 POP3 数据包的捕获。

3）SMTP 数据包的结构和内容的分析。

4）POP3 数据包的结构和内容的分析。

1. 邮件用户代理的安装和配置

在下载并安装 Foxmail 软件之后，运行该
软件，会出现如图 5-50 所示的配置界面。在这
里，需要输入邮箱地址、密码，以及 POP 服务
器和 SMTP 服务器的主机名，以便完成邮件用
户代理的设置。

配置完成以后，则可以进入 Foxmail 中开
始发送接收邮件。

2. SMTP 和 POP3 数据包的捕获

1）在 Foxmail 软件中，单击"写邮件"按
钮，输入纯文本信息"Hello World！"，并插入
一张图片，如图 5-51 所示。

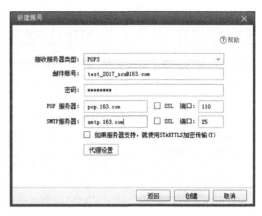

图 5-50　Foxmail 新建账号的配置界面

图 5-51　发送文本和图片的邮件

2）打开 Wireshark 软件，启动数据分组捕获器。

3）在 Foxmail 软件中，单击"发送"按钮，将邮件发送出去；然后单击"收取"按钮，
将邮件接收回来；最后在 Wireshark 软件中，停止数据分组捕获。

4）在 Wireshark 软件中，输入"SMTP"作为过滤器，只显示与 SMTP 相关的数据
分组。

3. 分析 SMTP

 分析从 Wireshark 中截获的数据分组并回答下面的问题（需要在实验报告中
附上 Wireshark 的截图作为回答依据）：

1）客户端和邮件服务器建立 TCP 连接以后，客户端给服务器发送的第一个命令是
什么？

2）在捕获的数据分组中，找出客户端登录的账号和密码。客户端传输给服务器的用户

账号和密码是否为加密的?

3)选择其中一条 SMTP 数据分组记录,单击鼠标右键,在弹出的菜单中选择"追踪流"菜单项的"TCP 流",出现 SMTP 的会话过程。根据下面的会话过程回答问题:

```
220 163.com Anti-spam GT for Coremail System (163com[20141201])
EHLO nlp422-server
250-mail
250-PIPELINING
250-AUTH LOGIN PLAIN
250-AUTH=LOGIN PLAIN
250-coremail
    1Uxr2xKj7kG0xkI17xGrU7I0s8FY2U3Uj8Cz28x1UUUUU7Ic2I0Y2UrjMmGyUCa0xDrUUUUj
250-STARTTLS
250 8BITMIME
AUTH LOGIN
334 dXNlcm5hbWU6
dGVzdF8yMDE3X3NjdUAxNjMuY29t
334 UGFzc3dvcmQ6
dGVzdDIwMTc=
235 Authentication successful
MAIL FROM: <test_2017_scu@163.com>
250 Mail OK
RCPT TO: <test_2017_scu@163.com>
250 Mail OK
DATA
354 End data with <CR><LF>.<CR><LF>
Date: Wed, 7 Feb 2018 13:29:02 +0800
From: "test_2017_scu@163.com" <test_2017_scu@163.com>
To: test_2017_scu <test_2017_scu@163.com>
X-Priority: 3
X-Has-Attach: no
X-Mailer: Foxmail 7.2.9.115[cn]
Mime-Version: 1.0
Message-ID: <201802071329015595243@163.com>
Content-Type: multipart/related;
boundary="----=_001_NextPart403044860238_=----"

This is a multi-part message in MIME format.

------=_001_NextPart403044860238_=----
Content-Type: multipart/alternative;
boundary="----=_002_NextPart867766734826_=----"


    ------=_002_NextPart867766734826_=----
    Content-Type: text/plain;
    charset="us-ascii"
    Content-Transfer-Encoding: base64

    aGVsbG8sd29ybGQhDQoNCg0KDQp0ZXN0czIwMTdfc2N1QDE2My5jb20NCg==

    ------=_002_NextPart867766734826_=----
    Content-Type: text/html;
    charset="us-ascii"
    Content-Transfer-Encoding: quoted-printable
```

```
<html><head><meta HTTP-equiv=3D"content-type" content=3D"text/html; charse=
t=3Dus-ascii"><style>body {line-height: 1.5; }body { font-size: 10.5pt; f=
ont-family: ??; color: rgb(0, 0, 0); line-height: 1.5; }</style></head> <bo=
dy>=0A<div>hello,world!<span></span></div><img src=3D"cid:_Foxmail.1@42bc1=
31a-f3e2-e925-454f-1fcb68625064" border=3D"0"><br><hr style=3D"width: 210p=
x; height: 1px;" color=3D"#b5c4df" size=3D"1" align=3D"left">=0A<div><span=
><div style=3D"MARGIN: 10px; FONT-FAMILY: verdana; FONT-SIZE: 10pt"><div>t=
est_2017_scu@163.com</div></div></span></div>=0A</body></html>
------=_002_NextPart867766734826_=------

------=_001_NextPart403044860238_=----
Content-Type: image/png;
name="InsertPic_.png"
Content-Transfer-Encoding: base64
Content-ID: <_Foxmail.1@42bc131a-f3e2-e925-454f-1fcb68625064>
```

iVBORw0KGgoAAAANSUhEUgAAAfEAAAGACAIAAAAyLsxOAAAAAXNSR0IArs4c6QAAAARnQU1BAACx
jwv8YQUAAAAJcEhZcwAADsMAAA7DAcdvqGQAACEHSURBVHhe7Z2xix1Xtq//17zic0DCR4QXP4
MS···

①在上述 SMTP 会话过程中，使用了哪些 SMTP 命令？
②邮件同时传送了图片和文本信息，在 SMTP 数据中是如何区分的？
③文本使用的编码方式是什么？
④图片使用的编码方式是什么？
⑤邮件的正文和图片是通过什么标记和标题行分开的？

4. 分析 POP3

 分析从 Wireshark 中截获的数据分组并回答下面的问题（需要在实验报告中附上 Wireshark 的截图作为回答依据）：

1）POP3 会话过程中的状态码是什么？

2）POP3 会话过程中的用户名和账号是明文传输还是加密传输？

3）分析下图，LIST 和 UIDL 命令的作用是什么？

```
LIST          UIDL
+OK 17 93567  +OK 17 93567
 1 6562        1 xtbBDQeEkVaDrMYXqgAAsd
 2 3921        2 1tbivx+FkVWBWGBMvQAAsp
 3 8282        3 1tbioweLkVUL+iCDhAAAs9
 4 3499        4 1tbiJQWqkVUMEbf1SQABsZ
 5 3498        5 1tbiNQiqkVSISbvEoQAAsN
 6 3921        6 1tbivxSqkVWBWnitpAAAsv
 7 2630        7 1tbiGQuqkVX1XfzqhQAAsX
 8 4412        8 xtbBDQyrkVaDrv1poAAAs0
 9 3927        9 1tbiGRW7kVX1Xu8KKgAAsH
10 3480       10 1tbiRwS8kVc68Pv4QAAAsw
11 20971      11 1tbiJRMEGFUMExSsnAAAbE
12 2741       12 xtbBDR3EkVaDsFfTHgAAs6
13 2757       13 1tbiowrEkVUL-VvDYAAAsn
14 4031       14 xtbBygmPkVO+p2xp9gAAsk
15 3260       15 1tbivw4LHFWBaHR9-QAAbu
16 1771       16 xtbBDQT1kVaDwYIRfwAAsF
17 13904      17 1tbiGRzlkVX1cJsJoAAAsD
```

5.4.7　实验总结

本实验的目的是探究 SMTP 在发送邮件之前的会话过程的工作原理。实验的内容分为两个部分：第一部分是理解 SMTP 的基本流程和命令，第二部分是分析邮件内容的结构和格式。由于 MIME 的加入，邮件的标题行可以根据邮件信息的不同（例如音频、视频或者其他附件信息）进行变化，学生在实验过程中，需要自己尝试发送不同类型的邮件信息，以便了解邮件的主体是如何构建的。

5.4.8　思考与进阶

思考： 用 Web 浏览器来发送邮件，再用 Wireshark 来捕获发送邮件的数据分组，对捕获的数据分组进行分析。

进阶： 将接收邮件的服务协议改成使用 IMAP 服务器端口来接收邮件，分析 IMAP 的工作过程。

5.5　基于 TCP 的 Socket 编程

5.5.1　实验背景

Socket，通常也称为"套接字"，是 TCP/IP 网络编程的接口（API），用于描述 IP 地址和端口。它是一个通信链的句柄，可以用来实现不同虚拟机或不同计算机之间的通信。常用的 Socket 有两种类型：流式 Socket（SOCK_STREAM）和数据报式 Socket（SOCK_DGRAM）。流式 Socket 是为面向连接的应用服务提供的一种接口。在本实验中，通过 Java 或 Python 语言编写基于 TCP 的客户 / 服务器程序，让学生了解面向连接的网络应用程序的工作原理以及 Socket 程序设计的方法。

5.5.2　实验目标与应用场景

1. 实验目标

本实验旨在通过编写和调试基于 TCP 的 Socket 程序。通过本实验，学生应该掌握如下知识点：

- Socket 的编程原理和方法。
- 基于 TCP 的网络应用的特点和优势。

2. 拓展应用场景

基于 TCP 的 Socket 编程不仅可以实现简单的数据传输，还可以应用于 Web 服务器、邮件客户端等面向连接的网络应用程序的开发，提高网络通信的可靠性和效率。

5.5.3　实验准备

为了完成本实验，学生需要预先掌握以下知识：

1）TCP 的基本原理，包括字节流传输的特点和机制。

2）Socket 的概念和功能，以及如何创建和使用 Socket 对象。

3）Java 编程的基础知识，特别是 Java 下的 Socket 类和 ServerSocket 类的方法和属性；Python 编程的基础知识，熟悉 Socket 类的方法和属性。

5.5.4　实验平台与工具

1. 实验平台

Windows11 系统（使用任何平台均可以完成本实验）。

2. 实验工具

JDK21[⊖]，Python 3.10[⊖]，文本编辑器。

5.5.5　实验原理

1. 基于 TCP 的 Socket 简介

TCP 是一种面向连接、全双工的通信协议，它在客户端 / 服务器模式下工作，由客户端发起连接请求，服务器响应请求。一个 TCP 连接由四个元素唯一确定，即源 IP 地址、目的 IP 地址、源端口号和目的端口号。客户端和服务器建立 TCP 连接后，就可以通过 Socket 对象的输入流和输出流进行数据的发送和接收。TCP 连接是全双工的，即客户端和服务器可以同时进行数据的读写。客户端的工作流程如下：

1）创建套接字。

2）向服务器发出连接请求。

3）和服务器端进行通信。

4）通信完成以后，关闭套接字。

服务器端的工作流程如下：

1）创建套接字。

2）将套接字绑定到一个本地地址和端口上。

3）将套接字设为监听模式，准备接收客户端请求。

4）等待客户请求到来；请求到来后，接收连接请求，返回一个新的对应于此次连接的套接字。

5）用返回的套接字和客户端进行通信。

6）通信完成以后，关闭套接字。

2. 基于 TCP 的查询字符串长度的网络应用程序开发

基于 TCP 的 Socket 编程需要完成客户端和服务器两部分程序设计。在代码开发之前，

⊖　下载地址为 https://www.oracle.com/cn/java/technologies/downloads/。

⊖　下载地址为 https://www.python.org/downloads/。

需要对网络层应用的协议进行详细设计，本实验的应用层协议设计如下：

1）**协议的格式**：发送的消息为 ACSII 码字符，以回车作为消息的结束。

2）**协议的工作原理**：

①客户端：从标准键盘中读入一行字符，通过 Socket 发送到服务器；收到服务器反馈的信息后，将信息显示在标准输出屏幕上；关闭连接。

②服务器端：从 Socket 中读出客户端发送的字符串信息；计算字符串的长度；将计算的结果通过 Socket 发送给客户端。

本节后续内容将以基于 Java 的网络编程为例进行介绍。首先，创建服务器端的 listenSocket = ServerSocket( ) 并监听 TCP 连接请求，客户端创建 clientSocket，服务器调用 connectionSocket = listenSocket.accept( ) 来接收客户端的连接请求。当 TCP 连接创建成功以后，客户端使用 clientSocket 向服务器端发送请求，服务器端则从 connectionSocket 进行读请求操作，并遵循协议的规定通过 connectionSocket 向客户端发送查询结果信息，客户端从 clientSocket 读取服务器发送的查询结果信息。查询完成以后，客户端创建的 clientSocket 和服务器端创建的 connectionSocket 都会被关闭。基于 TCP 的查询字符串长度的网络应用的客户端和服务器端的工作流程如图 5-52 所示。

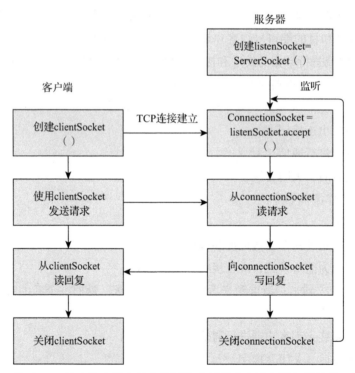

图 5-52　基于 TCP 的查询字符串长度的网络应用的客户端和服务器端的工作流程

5.5.6　实验步骤

本实验分三个步骤完成基于 TCP 的 Socket 应用程序开发。实验步骤如下：

1）TCP 客户端代码设计及调试。

● 创建客户端 Socket 及定义缓冲区。

● 编写客户端发送数据的代码。

● 编写客户端接收数据的代码。

2）TCP 服务器端代码设计及调试。

● 服务器端 Socket 监听。

● 服务器端缓冲区定义。

● 编写服务器端接收数据的代码。

● 编写服务器端发送数据的代码。

3）客户端、服务器的联合测试。

1. TCP 客户端的代码设计

客户端代码的设计思想如下：首先，服务器端创建 ServerSocket 对象并监听连接请求，客户端创建 Socket 对象并向服务器端发起连接请求，服务器端调用 accept( ) 方法来接收客户端的连接请求，返回一个新的 Socket 对象，用于与客户端通信。当 TCP 连接建立成功后，客户端通过 Socket 对象的输出流向服务器端发送请求，服务器端通过 Socket 对象的输入流读取客户端的请求，并根据协议的规定通过 Socket 对象的输出流向客户端发送查询结果信息，客户端通过 Socket 对象的输入流读取服务器端发送的查询结果信息。查询完成后，客户端和服务器端分别关闭自己的 Socket 对象。基于 TCP 的查询字符串长度的网络应用的客户端数据流向如图 5-53 所示。

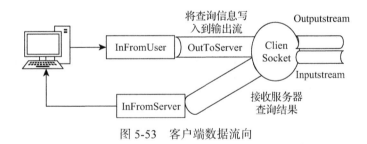

图 5-53 客户端数据流向

代码 5-1 和代码 5-2 分别给出了客户端的 Java 代码和 Python 代码。

代码 5-1

```java
import java.io.*;
import java.net.*;
public class TCPClient {
    public static void main(String argv[]) throws Exception
{
//（1）客户端缓冲区的创建及 Socket 的定义
//定义缓冲区
        String content;//用户输入和传送到服务器的字符串
        String modifiedContent;//从服务器得到并传送到用户标准输出的字符串
        BufferedReader inFromUser = new BufferedReader(
```

```
                new InputStreamReader(System.in));// 输入流用 System.in 初始化
// 客户端创建 Socket，需要指明连接的服务器的 IP 地址和端口号，如果在本机测试可以使用 localhost
    或者 127.0.0.1 作为服务器的地址
        Socket clientSocket = new Socket("localhost",7777);// 创建 Socket 对象（目的
            IP，目的端口），同时也发起客户机和服务器之间的 TCP 连接
        DataOutputStream outToServer = new DataOutputStream(
            clientSocket.getOutputStream());// 套接字的输出流
        BufferedReader inFromServer = new BufferedReader(
            new InputStreamReader(clientSocket.getInputStream()));// 套接字的输入流
// （2）客户端定义发送数据操作
        content = inFromUser.readLine();
        outToServer.writeBytes(content + '\n');// 发送到套接字输出流
// （3）客户端定义接收数据操作
        modifiedContent = inFromServer.readLine();
        System.out.println("From Server: " + modifiedContent);
        clientSocket.close();// 关闭套接字，因此客户端和服务器之间的 TCP 连接也被关闭
    }
}
```

代码 5-2

```
import socket
# （1）客户端缓冲区的创建及 Socket 的定义
# 定义缓冲区
content = ""    # 用户输入和传送到服务器的字符串
modified_content = ""    # 从服务器得到并传送到用户标准输出的字符串
# 输入流用 sys.stdin 初始化
# 注意：在 Python 中，我们使用 input() 获取用户输入，而不需要额外的 BufferedReader
content = input("Enter message to send to server: ")
# 客户端创建 Socket，需要指明连接的服务器的 IP 地址和端口号
# 如果在本机测试可以使用 localhost 或者 127.0.0.1 作为服务器的地址
server_address = ("localhost", 7777)
# 创建 Socket 对象（目的 IP，目的端口），同时也发起客户端和服务器之间的 TCP 连接
with socket.socket(socket.AF_INET, socket.SOCK_STREAM) as client_socket:
    client_socket.connect(server_address)    # 连接到服务器
    # 套接字的输出流
    with client_socket.makefile("w") as out_to_server:
        # （2）客户端定义发送数据操作
        out_to_server.write(content + '\n')
        out_to_server.flush()    # 刷新缓冲区，确保数据发送到服务器
    # 套接字的输入流
    with client_socket.makefile("r") as in_from_server:
        # （3）客户端定义接收数据操作
        modified_content = in_from_server.readline().strip()
        print("From Server:", modified_content)
# 关闭套接字，因此客户端和服务器之间的 TCP 连接也被关闭
```

2. TCP 服务器端的代码设计

服务器端代码的设计思想如下：服务器端通过 ConnectionSocket 对象的输入流接收客户端发送的查询信息，并将其存入 InFromClient 缓冲区。当数据接收完毕后，服务器端从缓冲区读取数据，并进行长度分析。然后，服务器端通过 outToClient 管道将分析结果发送给客

户端，通过 ConnectionSocket 对象的输出流传输。基于 TCP 字符串长度查询的网络应用的
服务器端的数据流向如图 5-54 所示。

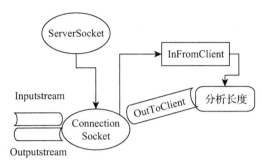

图 5-54　服务器端的数据流向

代码 5-3 和代码 5-4 分别给出了服务器端的 Java 代码和 Python 代码。

代码　5-3

```java
import java.io.*;
import java.net.*;
public class TCPServer {
    private static ServerSocket listenSocket;
    public static void main(String[] args) throws IOException {
        String clientContent;
        String getContentLength;
//（1）创建服务器端监听端口
        listenSocket = new ServerSocket(7777);
        while (true)
        {
//接收客户端的请求
            Socket  connectionSocket = listenSocket.accept();//监听到客户机时，创建一个
                新的套接字，端口号相同
//（2）服务器端缓冲区定义
//定义从服务器的 Socket 的输入流中获取信息的行为
            BufferedReader inFromClient = new BufferedReader(
                new
InputStreamReader(connectionSocket.getInputStream()));
            DataOutputStream outToClient = new DataOutputStream(
                connectionSocket.getOutputStream());
//（3）服务器端接收数据定义及处理动作
                    clientContent = inFromClient.readLine();
//服务器对获取的信息进行处理，读出字符串长度
            getContentLength = Integer.toString(clientContent.length()) + '\n';
//（4）服务器端发送数据定义
            outToClient.writeBytes(getContentLength);
// 关闭此次连接的套接字
            connectionSocket.close();
        }
    }
}
```

代码 5-4

```python
import socket
#（1）创建监听 Socket
listen_socket = socket.socket(socket.AF_INET, socket.SOCK_STREAM)
listen_socket.bind(("localhost", 7777))
listen_socket.listen()
while True:
    # 接收客户端的请求
    connection_socket, client_address = listen_socket.accept()

    #（2）服务器端缓冲区定义
    # 定义从服务器的 Socket 的输入流中获取信息的行为
    with connection_socket.makefile("r") as in_from_client, \
            connection_socket.makefile("w") as out_to_client:
        #（3）服务器端接收数据定义及处理动作
        client_content = in_from_client.readline().strip()
        # 服务器对获取的信息进行处理，读出字符串长度
        get_content_length = str(len(client_content)) + '\n'

        #（4）服务器端发送数据定义
        out_to_client.write(get_content_length)
        out_to_client.flush()    # 刷新缓冲区，确保数据发送到客户端

    # 关闭此次连接的套接字
    connection_socket.close()
```

3. 客户端、服务器联合测试

1）在命令行中，使用 javac TCPServer.java 和 javac TCPClient.java 命令分别编译服务器端和客户端的源代码。

2）在命令行中，执行 java TCPServer 命令，启动服务器端程序。

3）新建一个命令行窗口，执行 java TCPClient 命令，启动客户端程序。

4）在客户端，输入"abcdefg"，服务器端返回字符串长度的信息"From Server：7"。（客户端的运行结果如图 5-55 所示。）

图 5-55 客户端的运行结果

5.5.7 实验总结

TCP 是一种面向连接、基于字节流的通信协议。因此，在编程过程中，需要注意以下两点：

1）为发送数据创建输入流和输出流。

2）在数据传输完成后，关闭相应的 Socket，释放资源。此外，在实验过程中，还要保证服务器端的程序先于客户端的程序运行，否则服务器和客户端之间无法建立 TCP 连接。

5.5.8　思考与进阶

思考： 如果在运行 TCPServer 之前运行 TCPClient，将发生什么？为什么？

进阶： 修改程序，实现 TCP 服务器支持 *n* 个并行连接，每个连接来自不同的客户主机。

5.6　基于 UDP 的 Socket 编程

5.6.1　实验背景

UDP 提供的是一个无连接的服务，因此使用数据报式 Socket（SOCK_DGRAM）的相关函数来支持基于 UDP 的网络应用开发。在本实验中，我们将使用 Java 和 Python 语言编写基于 UDP 的客户端 / 服务器程序，让学生了解无连接网络应用的工作原理和程序设计的方法。

5.6.2　实验目标与应用场景

1. 实验目标

通过编写、调试基于 UDP 的 Socket 程序，学生应该掌握以下知识点：

1）Socket 的编程方法。

2）基于 UDP 的网络应用的传输特点。

2. 拓展应用场景

基于 UDP 的 Socket 编程还可应用于聊天室等无连接的网络应用程序的开发。

5.6.3　实验准备

为了完成本实验，学生需要掌握以下知识：

1）UDP 基于字节流传输的基本原理。

2）Socket 的相关知识。

3）Java 编程基础，DatagramSocket 类的方法；Python 编程基础，Socket 类的方法。

5.6.4　实验平台与工具

1. 实验平台

Windows 11（使用任何平台均可以完成本实验）。

2. 实验工具

JDK21，Python 3.10，文本编辑器。

5.6.5 实验原理

1. 基于 UDP 的 Socket 简介

UDP 是一种不可靠、无连接的通信协议，它在客户端/服务器模式下工作，由客户端发起请求，服务器响应请求。一个 UDP 的 Socket 由目的 IP 地址和目的端口号两个元素唯一确定。客户端和服务器不需要在通信之前建立连接，通信双方以数据报为单位进行传输，因此发送的数据报需要包含接收方的 IP 地址和端口号信息。基于 UDP 的 Socket 编程的客户端和服务器的方法是相同的，步骤如下：

1）创建套接字。

2）绑定套接字到一个 IP 地址和一个端口。

3）等待和接收数据。

4）关闭套接字。

2. 基于 UDP 的字符串逆序转换网络应用程序的开发

本节介绍如何使用 UDP 实现 Socket 编程，包括客户端和服务器两部分程序设计。为了保证数据的正确传输，我们需要在应用层定义一套协议，规定数据的格式和含义。本实验采用的应用层协议设计如下：

1）**协议的格式**：发送的消息为 ACSII 码字符，以回车作为消息的结束。

2）**协议的工作原理**：

①客户端：从标准键盘中读入一行字符，通过 Socket 发送到服务器；收到服务器反馈的信息后，将信息显示在标准输出屏幕上；关闭连接。

②服务器端：从 Socket 中读出客户端发送的字符串信息；进行逆序转换；将转换的结果通过 Socket 发送给客户端。

本节后续内容将基于 Java 编程进行介绍。为了使用 UDP 进行通信，我们需要在服务器端和客户端分别创建一个 DatagramSocket 对象。客户端需要将待发送的字符串转换为字节数组，然后构造一个 DatagramPacket 对象，指定服务器的 IP 地址和端口号，最后通过 DatagramSocket 对象的 send 方法将报文发送给服务器。客户端需要创建一个空的 DatagramPacket 对象，用于接收服务器的回复，然后通过 DatagramSocket 对象的 receive 方法等待服务器的报文。收到报文后，从 DatagramPacket 对象中获取字节数组，转换为字符串，最后在显示器上显示转换结果。服务器端需要创建一个空的 DatagramPacket 对象，用于接收客户端的请求，然后通过 DatagramSocket 对象的 receive 方法等待客户端的报文，收到报文后，从 DatagramPacket 对象中获取字节数组，转换为字符串，同时获取客户端的 IP 地址和端口号。然后对字符串进行逆序转换，将转换结果转换为字节数组，构造一个新的 DatagramPacket 对象，指定客户端的 IP 地址和端口号。最后通过 DatagramSocket 对象的 send 方法将报文发送给客户端。图 5-56 展示了基于 UDP 字符串逆序转换的网络应用的客户端和服务器端的工作流程。

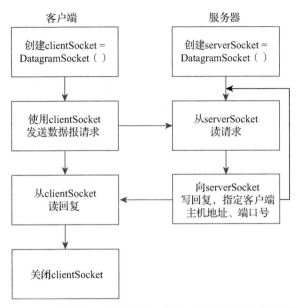

图 5-56 基于 UDP 字符串逆序转换的网络应用的客户端和服务器端的工作流程

5.6.6 实验步骤

本实验的目标是开发一个基于 UDP 的 Socket 应用程序，实验过程分为三个步骤。

1）设计并调试 UDP 客户端的代码。

- 创建客户端的 Socket 对象和缓冲区。
- 编写客户端发送数据的代码。
- 编写客户端接收数据的代码。

2）设计并调试 UDP 服务器端的代码。

- 创建并监听服务器端的 Socket 对象。
- 编写服务器端接收数据的代码。
- 编写服务器端进行数据转换的代码。
- 编写服务器端发送数据的代码。

3）客户端和服务器端的联合测试。

程序设计的思想如下：为了使用 UDP 进行通信，客户端需要先从键盘输入一个字符串，然后将其转换为字节数组，并存储在 InFromUser 缓冲区中。接着，客户端创建一个 DatagramPacket 对象，将 InFromUser 缓冲区中的数据封装到该对象中，并指定服务器的 IP 地址和端口号。最后，客户端通过 DatagramSocket 对象的 send 方法将 DatagramPacket 对象发送给服务器。客户端在发送数据后，需要等待服务器的回复。为此，客户端创建一个空的 DatagramPacket 对象，用于接收服务器的数据分组。然后，客户端通过 DatagramSocket 对象的 receive 方法，等待并接收服务器的数据分组，将其存储在 DatagramPacket 对象中。接着，客户端从 DatagramPacket 对象中获取字节数组，将其转换为字符串，并输出到显示器上。基于 UDP 的字符逆序转换程序的客户端的数据流图如图 5-57 所示。

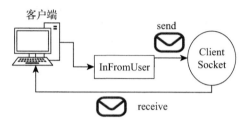

图 5-57　基于 UDP 的字符逆序转换程序的客户端的数据流图

1．UDP 客户端的代码设计

UDP 客户端的 Java 代码设计参见代码 5-5。

代码　5-5

```java
import java.io.*;
import java.net.*;
public class UDPClient {
    public static void main(String argv[]) throws Exception
    {
//（1）客户端 Socket 缓冲区的创建及 Socket 的定义
        BufferedReader inFromUser = new BufferedReader(
            new InputStreamReader(System.in));
        // 创建 DatagramSocket 对象，执行时，客户端没有与服务器联系
        DatagramSocket clientSocket = new DatagramSocket();
// 为构造 datagram 做准备，获取服务器 IP 地址，构建接收报文和发送报文的字节数组
//(2)客户端定义发送数据操作
        InetAddress iPAddress = InetAddress.getByName("localhost");// 显示调用 DNS
            查询目的主机的 IP 地址
        byte[] sendData = new byte[1024];
        byte[] receiveData = new byte[1024];// 创建字节数组
        String content = inFromUser.readLine();
        sendData = content.getBytes();// 进行类型转换
        DatagramPacket sendPacket = new DatagramPacket(
            sendData, sendData.length, iPAddress, 8888);// 构造一个 DatagramPacket
                分组，包含数据、数据长度、目的主机的 IP 地址和应用程序的端口号
        clientSocket.send(sendPacket);
//(3)客户端定义接收数据操作
        DatagramPacket receivePacket = new DatagramPacket(
            receiveData, receiveData.length);// 创建接收分组的地方
// 接收分组，并提取信息
        clientSocket.receive(receivePacket);
        String modifiedContent = new
String(receivePacket.getData()).substring(0, receivePacket.getLength());
// 提取数据，进行类型转换
        System.out.println("From Server: " + modifiedContent);
// 关闭 Socket
        clientSocket.close();// 关闭套接字
    }
}
```

UDP 客户端的 Python 代码设计参见代码 5-6。

代码　5-6

```
import socket
# (1) 客户端 Socket 缓冲区的创建及 Socket 的定义
# 创建用于用户输入的缓冲区
user_input = input("Enter message: ")
# 创建 UDP Socket
client_socket = socket.socket(socket.AF_INET, socket.SOCK_DGRAM)
# (2) 客户端定义发送数据操作
# 指定服务器 IP 地址和端口号
server_address = ('localhost', 8888)
# 将用户输入的字符串转换为字节数组
send_data = user_input.encode()
# 发送数据到服务器
client_socket.sendto(send_data, server_address)
# (3) 客户端定义接收数据操作
# 接收数据并提取信息
receive_data, server_address = client_socket.recvfrom(1024)
modified_content = receive_data.decode()
print(f"From Server: {modified_content}")
# 关闭套接字
client_socket.close()
```

2. UDP 服务器端代码设计

程序设计的思想如下：为了使用 UDP 进行通信，服务器端需要先创建一个 Datagram-Socket 对象，用于发送和接收数据报文。然后，服务器端创建一个空的 DatagramPacket 对象，用于接收客户端的请求。接着，服务器端通过 DatagramSocket 对象的 receive 方法，等待并接收客户端发送过来的数据报文，将其存储在 DatagramPacket 对象中。从 Datagram-Packet 对象中，服务器端可以读取客户端发送的数据信息，以及客户端的 IP 地址和端口号。服务器端需要对客户端发送的数据信息进行逆序转换，将逆序转换后的结果再转换为字节数组。然后，服务器端创建一个新的 DatagramPacket 对象，将字节数组封装到该对象中，并指定客户端的 IP 地址和端口号。最后，服务器端通过 DatagramSocket 对象的 send 方法，将 DatagramPacket 对象发送给客户端。基于 UDP 的字符逆序转换程序的服务器端数据流图如图 5-58 所示。

UDP 服务器端的 Java 代码参见代码 5-7。

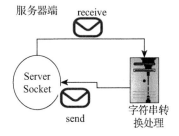

图 5-58　基于 UDP 的字符逆序转换程序的服务器端数据流图

代码　5-7

```
import java.net.DatagramPacket;
import java.net.DatagramSocket;
import java.net.InetAddress;
public class UDPServer {
    private static DatagramSocket serverSocket;
    public static void main(String argv[]) throws Exception
    {
//(1) 服务器端 Socket 监听
        serverSocket = new DatagramSocket(8888);
```

```
        byte[] sendData = new byte[1024];
        byte[] receiveData = new byte[1024];
        while (true)
        {
//（2）服务器端接收数据
            DatagramPacket receivePacket = new DatagramPacket(
                receiveData, receiveData.length);
                serverSocket.receive(receivePacket);
            String content = new
    String(receivePacket.getData()).substring(0, receivePacket.getLength());
            // 对套接字直接交付来的分组进行拆分
//（3）服务器转换代码
// 服务器处理字符串以后，构造 packet 通过 Socket 发送给客户端
            char[] tempArray = content.toCharArray();
            char temp;
            for (int i = 0, j = tempArray.length - 1; i < j; ++i, --j)
            {
                temp = tempArray[i];
                tempArray[i] = tempArray[j];
                tempArray[j] = temp;
            }// 将字符串进行倒序转换
            String reverseContent = new String(tempArray);
//（4）服务器发送数据
// 从接收的报文中读取客户端 IP 和端口
            InetAddress iPAddress = receivePacket.getAddress();
            int port = receivePacket.getPort();// 客户机端口号
            sendData = reverseContent.getBytes();
            DatagramPacket sendPacket = new DatagramPacket(
                sendData, sendData.length, iPAddress, port);
                    serverSocket.send(sendPacket);
        }
    }
}
```

UDP 服务器端的 Python 代码参见代码 5-8。

代码　5-8

```python
import socket
# （1）服务器端 Socket 监听
# 创建 UDP Socket 并绑定端口
server_socket = socket.socket(socket.AF_INET, socket.SOCK_DGRAM)
server_socket.bind(('localhost', 8888))
while True:
# （2）服务器端接收数据
receive_data, client_address = server_socket.recvfrom(1024)
content = receive_data.decode()    # 对套接字直接交付来的分组进行解码
# （3）服务器转换代码
# 将字符串进行倒序
reverse_content = content[::-1]
# （4）服务器发送数据
# 从接收的报文中获取客户端 IP 和端口
send_data = reverse_content.encode()
server_socket.sendto(send_data, client_address)
```

3. 服务器端、客户端联合测试

1）在命令行中，使用 javac 命令分别对客户端和服务器的源代码文件 UDPServer.java 和 UDPClient.java 进行编译。

2）在命令行中，使用 java 命令运行服务器端的字节码文件 UDPServer.class，启动服务器端程序。

3）新建一个命令行窗口，使用 java 命令运行客户端的字节码文件 UDPClient.class，启动客户端程序。

4）在客户端的命令行窗口中，输入一个字符串" abcdefg"，按回车键发送给服务器端。服务器端接收到字符串后，对其进行逆序转换，返回转换后的结果" From Server：gfedcba"。客户端显示服务器端的回复。客户端的运行结果如图 5-59 所示。

```
C:\Users\VCL\Desktop>java UDPClient
abcdefg
From Server: gfedcba
```

图 5-59 客户端的运行结果

5.6.7 实验总结

UDP 是一种无连接的传输协议，它不保证数据的可靠传输，因此 UDP 套接字在使用前不需要与对方建立连接。UDP 是基于数据报的传输层协议，它将数据封装成独立的报文，每个报文都有自己的首部和数据部分。因此，编程过程中不需要像基于 TCP 的应用程序那样定义输入输出流，而是直接操作数据报文。但是，每次发送数据报文时，都需要指定目的 IP 地址和端口号，以便接收方能够正确地识别和处理数据报文。UDP 和 TCP 是两种不同的传输层协议，它们在功能、性能、可靠性、效率等方面各有优缺点。在 UDP 的程序设计过程中，需要注意和基于 TCP 的程序设计的区别，选择合适的协议来满足应用的需求。

5.6.8 思考与进阶

思考： 如果在运行 UDPServer 之前运行 UDPClient，将发生什么？为什么？

进阶： 使用 Java 编写一个 UDP pinger，模拟 ping 的过程。

第 6 章
传输层实验

传输层位于 TCP/IP 体系中的第四层,它的主要功能是保证通信双方之间端到端的数据传输。应用层可以根据不同的网络应用需求,选择合适的传输层协议来提供相应的服务。传输层常用的协议有两种:一种是面向连接的、可靠的字节流服务 (TCP),另一种是无连接的、不可靠的数据报服务 (UDP)。在学习传输层的协议时,学生应该重点掌握 TCP 的连接管理、可靠传输、流量控制和拥塞控制算法。在协议分析实验中,设计与协议相关的问题,帮助学生在实验过程中更好地理解理论课的知识点。

本章将通过 3 个传输层实验,帮助学生深入了解 TCP 和 UDP 的工作原理。在实验中,我们使用 Wireshark 软件捕获数据包,并分析协议的报文结构和字段含义,从而掌握协议的运行机制。

6.1 UDP 协议分析

6.1.1 实验背景

UDP(用户数据报协议)是 TCP/IP 协议族中的一种无连接的传输层协议,它提供了一种面向事务的简单不可靠的信息传送服务。UDP 工作在传输层,位于 IP 之上。UDP 的缺点是它不对数据包进行分组、组装和排序,也就是说,发送报文后,无法保证其是否能够安全、完整地到达目的地。UDP 主要用于网络视频会议系统在内的许多 C/S 模式的网络应用中。

6.1.2 实验目标与应用场景

1. 实验目标

本实验的目标是通过捕获 UDP 数据分组,分析 UDP 的特点和原理。通过本实验,学生需要掌握以下知识点:

1) UDP 的工作原理。

2) 熟悉 Wireshark 的操作流程。

2. 拓展应用场景

UDP 是一种无连接的传输层协议,它不需要建立连接就可以发送数据报,因此具有资源消耗低、处理速度快的优点。UDP 适用于传输音频、视频等对实时性要求高的数据,因为它不保证可靠交付，也不进行拥塞控制，所以可以避免因重传和延迟而影响数据的连贯性。此外，UDP 还支持一对一、一对多、多对一和多对多的通信模式，因此在广播和多播等应用中也经常使用。

6.1.3 实验准备

为了完成本实验，学生需要预先掌握以下知识：

1）UDP 的报文字段。

2）Wireshark 工具的使用方法。

6.1.4 实验平台与工具

1. 实验平台

Windows 11（使用任何平台均可以完成本实验）。

2. 实验工具

Wireshark。

6.1.5 实验原理

UDP 是一种无连接的传输层协议，它主要用于不要求分组按序到达的传输场景，分组传输顺序的检查与排序由应用层完成。UDP 是 IP 与上层协议的接口。UDP 提供无连接通信，且不保证数据报传输的可靠性，适合一次传输少量数据。UDP 传输的可靠性由应用层负责。常用的 UDP 端口号有 DNS（53）、TFTP（69）、SNMP（161）。

UDP 报文发送的过程中，服务器和客户端不建立连接，不提供顺序保证，缺乏流量控制等机制，因此基于 UDP 的数据传输的可靠性较低。但是 UDP 的优点是控制开销小，数据传输的延迟低、效率高，适合对可靠性要求不高的应用程序，或者能够在应用层实现可靠性的应用程序。

6.1.6 实验步骤

本实验包括两个任务：通过 DNS 域名解析捕获 UDP 数据报文和分析 UDP 数据报文。实验步骤如下：

1）捕获 UDP 数据报文。

2）分析 UDP 数据报文。

1. UDP 数据报的捕获

为了获取最新的域名到 IP 地址的映射，需要在进行捕获之前，清空客户端的 DNS 缓存。DNS 服务通常使用 UDP，因此可以在域名解析的过程中捕获 UDP 数据报。在 Windows 系统下，可以在命令提示符中输入 ipconfig/flushdns 命令来清空 DNS 缓存。

1）打开 Wireshark，启动分组捕获器。

2）在命令行中输入：ping cs.scu.edu.cn，并按回车键。

3）停止分组捕获。

4）在过滤器中输入"udp and dns"，观察结果，如图 6-1 所示。

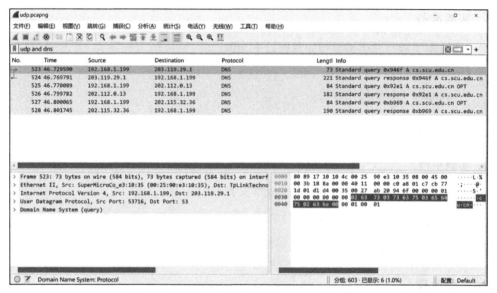

图 6-1　使用 Wireshark 捕获的 UDP 数据分组

2. UDP 数据报的分析

 分析从 Wireshark 中截获的数据分组并回答下面的问题（需要在实验报告中
附上 Wireshark 的截图作为回答依据）：

1）从图 6-2 中可以看出，UDP 的头部包含几个字段？分别是什么？头部总共多少字节？

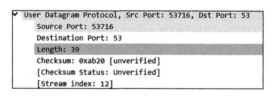

图 6-2　问题 1 的 UDP 数据分组

2）UDP 头部中的 Length 字段的含义是什么？

3）请从 Wireshark 截获的数据分组列表中选择一个数据分组，它的数据区域、UDP 头
部各个字段对应的十六进制的编码分别是什么？

4）还可以通过什么方式获取 UDP 的数据分组？

6.1.7　实验总结

与 TCP 相比，UDP 的工作过程更为简单，不需要建立连接、维护状态和进行拥塞控制
等。本实验旨在让学生了解 UDP 的报文格式和各字段的作用，体会 UDP 的传输特点以及与

TCP 的区别。UDP 采用"尽最大努力交付"的传输策略，不保证数据的可靠性、有序性和完整性，差错检测仅依赖于报文头部的校验和字段，如果发现错误则直接丢弃报文。

6.1.8　思考与进阶

思考： 根据 UDP 伪头部的信息，以及 UDP 报文的信息，计算校验和字段。

进阶： 在一个传输层使用 UDP 的应用中，如何建立可靠性机制来实现应用层数据的可靠传输？

6.2　TCP 的连接管理分析

6.2.1　实验背景

TCP（Transmission Control Protocol，传输控制协议）是一种面向连接的、端到端的、可靠的传输层协议。本实验将以 TCP 的三次握手和四次挥手为例，帮助学生了解 TCP 的连接管理过程，以及序号和确认号的变化规律。

6.2.2　实验目标与应用场景

1. 实验目标

本实验旨在通过捕获 TCP 会话过程中的数据包，探究 TCP 的连接建立和释放的机制。通过本实验，学生应该掌握以下知识点：

1）TCP 三次握手建立连接的原理和过程，以及每次握手时标志位的含义和变化。

2）TCP 四次挥手释放连接的原理和过程，以及每次挥手时标志位的含义和变化。

3）TCP 传送数据时，确认号和序号的作用和变化规律。

2. 拓展应用场景

TCP 通过三次握手的方式建立连接，从而保证数据的正确传输。因此，TCP 适用于对准确性要求高、对效率要求低的场景，如 FTP 文件传输、SMTP/POP3 邮件服务、Telnet 远程登录等。

TCP 在建立连接时需要进行三次握手，这使得 TCP 存在安全漏洞，容易受到 DoS（Denial of Service，拒绝服务）攻击。最常见的 DoS 攻击就是 SYN Flood 攻击。其原理是，攻击者伪造 IP 地址，发送大量的 SYN 包（第一次握手数据）请求连接，服务器回复 SYN 和 ACK 包（第二次握手数据），但攻击者不发送 ACK 包（第三次握手数据）。这样，服务器就会一直等待 ACK 包，直到超时。这会导致服务器的响应速度下降，CPU 占用率上升，连接数增加。当用户发现业务响应缓慢或无法连接时，管理员应该检查服务器是否遭受 SYN Flood 攻击。如果确认遭到攻击，可以查看连接请求的 IP 地址，并封锁可疑的地址段，以减轻攻击的影响。除了 SYN Flood 攻击，还有其他针对 TCP 连接管理的攻击方式，如无标志位的 TCP 报文攻击、TCP RST 攻击、TCP 会话劫持等。

利用 TCP 三次握手的特性，可以实现开放端口的扫描（TCP Scanner），用于发现 Internet 上的可用服务，如 FTP 站点等。

6.2.3 实验准备

为了完成本实验，学生需要预先掌握以下知识：

1）TCP 段首部各个字段的作用和含义。

2）TCP 三次握手和四次挥手的原理和过程，以及连接建立和释放时的标志位变化。

3）Wireshark 软件的基本功能和操作方法。

6.2.4 实验平台与工具

1. 实验平台

Windows 11（使用任何平台均可以完成本实验）。

2. 实验工具

Wireshark。

6.2.5 实验原理

1. TCP 连接建立

TCP 要求在发送新的数据之前，必须先与对方建立一个可靠的连接。这个连接的建立过程称为"三次握手"，其目的是让双方能够确认彼此的存在，并协商一些连接参数，如序号、窗口大小等。三次握手的步骤如图 6-3 所示。

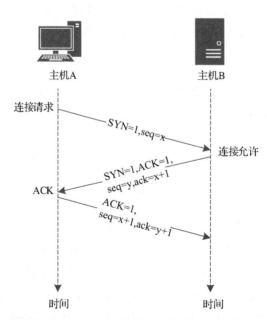

图 6-3 TCP 连接的建立过程（三次握手）

2. TCP 连接释放

TCP 要求在数据传输结束后，必须与对方断开连接，以释放网络资源。这个连接断开的过程称为"四次挥手"，其目的是让双方能够确认彼此的数据已经发送完毕，并同意关闭连接。四次挥手的步骤如图 6-4 所示。

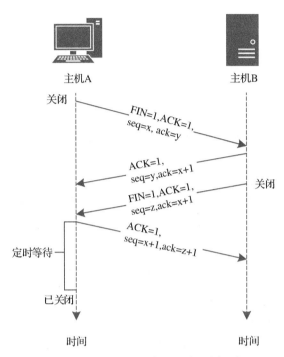

图 6-4　TCP 连接释放过程（四次挥手）

6.2.6　实验步骤

本实验旨在探究 TCP 连接建立和终止的过程，以及数据包的结构和功能，主要包含两个任务：通过访问 Web 服务器获取 TCP 连接及释放过程的数据包，并对捕获的数据包进行分析。实验步骤如下：

1）捕获 TCP 会话过程数据包。

2）分析 TCP 会话过程数据包。

1. TCP 会话过程数据包的捕获

1）打开 Wireshark，启动 Wireshark 分组捕获器。

2）在 Web 浏览器地址栏中输入 www.scu.edu.cn，然后按回车键。

3）待获取完整页面以后，停止分组捕获。

4）在过滤器中输入"ip.addr==202.115.32.83"（所访问服务器的 IP 地址），得到在访问 Web 服务器时所截获的分组，如图 6-5 所示。

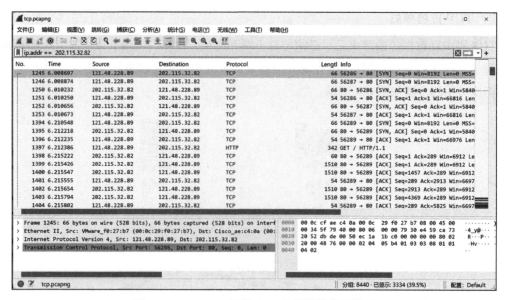

图 6-5　Wireshark 捕获 TCP 会话数据分组界面

2. TCP 会话过程中数据包的分析

 分析从 Wireshark 中截获的数据分组并回答下面的问题（需要在实验报告中附上 Wireshark 的截图作为回答依据）：

1）从捕获的数据分组中，找出三次握手建立连接的分组。

2）观察找到的三次握手数据分组，客户端协商的 MSS 是多少？客户端接收窗口的大小是多少？

3）服务器协商的 MSS 是多少？服务器端接收窗口大小是多少？

4）在传输过程中，客户端和服务器传输数据时的 MSS 是多少？

5）说明在三次握手过程中，分组的序号、确认号、SYN 标志位、ACK 标志位的变化。

6）图 6-6 显示了 4 个分组，请分析客户端为什么会发送第 4 个分组给服务器？

1394 6.210548	121.48.228.89	202.115.32.82	TCP	66 56289 → 80 [SYN] Seq=0 Win=8192 Len=0 MSS=1460 WS=4 SACK_PERM=1
1395 6.212218	202.115.32.82	121.48.228.89	TCP	66 80 → 56289 [SYN, ACK] Seq=0 Ack=1 Win=5840 Len=0 MSS=1456 SACK_PERM=1 WS=128
1396 6.212235	121.48.228.89	202.115.32.82	TCP	54 56289 → 80 [ACK] Seq=1 Ack=1 Win=66976 Len=0
1397 6.212386	121.48.228.89	202.115.32.82	TCP	342 56289 → 80 [PSH, ACK] Seq=1 Ack=1 Win=66976 Len=288

图 6-6　4 个数据分组

7）当客户端发送了 HTTP 请求报文以后，客户端收到的服务器 ACK 是多少？

8）在捕获的数据分组中是否有窗口更新报文，如果有，请问在什么情况下会产生窗口更新报文？

9）从捕获的数据分组中，找到挥手释放连接的数据分组。

10）在这个 TCP 的会话过程中，服务器一共给客户端传送了多少字节的应用层数据？

6.2.7　实验总结

本实验的目的是帮助学生了解 TCP 连接管理的过程，包括连接的建立、数据的传输和连接的关闭。在这个过程中，要特别关注连接建立和关闭时标志位 SYN 和 FIN 的变化。在实验过程中，序号和确认号的变化也是学生需要掌握的知识点。因为协议规定，SYN 和 FIN 标志位为 1 的报文的确认号都要加 1。这是学生在分析协议时容易犯错的地方，实验过程中要特别注意。

6.2.8　思考与进阶

思考： 如果想测试网络中的某台主机能否正常访问，而目的主机被设置为对所有的 ping 数据包都不发送应答报文，请问有什么办法可以进行测试？

进阶： 了解有哪些扫描器是使用 TCP 连接管理的原理来设计的。

6.3　TCP 的传输行为分析

6.3.1　实验背景

本实验将通过观察 TCP 的数据发送过程中的各种行为，让学生掌握 TCP 传输过程中的流量控制和拥塞控制的方法。

6.3.2　实验目标与应用场景

1. 实验目标

本实验旨在通过捕获 TCP 会话过程中的数据包，探究 TCP 的流量控制和拥塞控制机制。通过本实验，学生应该掌握以下知识点：

1）TCP 数据传送过程中的流量控制。

2）TCP 数据传送过程中的拥塞控制。

3）TCP 连接吞吐量的计算。

2. 拓展应用场景

TCP 流量控制在网络性能优化中扮演着关键角色。企业和服务提供商常常使用流量控制技术来管理网络流量，确保网络资源的有效利用，并最大程度地减少延迟和拥塞。其中包括通过调整 TCP 窗口大小、优化拥塞控制算法等方式来提高网络性能。

在大型数据中心中，TCP 拥塞控制是确保网络性能和可靠性的关键因素之一。数据中心网络通常具有复杂的拓扑结构和高度动态的流量模式，因此需要特定的拥塞控制策略来处理网络拥塞的情况，并确保数据中心应用程序的性能不受影响。

6.3.3　实验准备

为了完成本实验，学生需要预先掌握以下知识：

1）TCP 流量控制。

2）TCP 拥塞控制。

3）Wireshark 软件的基本功能和操作方法。

6.3.4 实验平台与工具

1. 实验平台

Windows 11（使用任何平台均可以完成本实验）。

2. 实验工具

Wireshark。

6.3.5 实验原理

1. TCP 流量控制

TCP 流量控制是指发送方根据接收方的可用缓存空间来调节数据传输的速率，以防止因数据过多导致接收方无法处理而出现网络拥塞。TCP 通过滑动窗口机制实现流量控制。接收方通过在 TCP 报文段的接收窗口字段中携带其可接收的数据量，通知发送方其当前的接收能力，从而限制发送方的发送速率，保证数据传输的稳定性和效率。在 Wireshark 中，可以通过分析 TCP 报文段的窗口字段来观察接收方的窗口大小变化。

2. TCP 拥塞控制

TCP 拥塞控制是指在网络拥塞发生时，TCP 发送方通过调节发送窗口大小以及根据网络反馈来采取相应的控制策略。TCP 拥塞控制算法的目的是通过动态适应网络状况，使网络拥塞得到有效控制，同时保证数据传输的可靠性和公平性。TCP 拥塞控制主要包括两个控制阶段：慢启动和拥塞避免。其中，慢启动阶段在连接建立后快速增加发送窗口大小，以便尽快利用网络带宽。拥塞避免阶段则在发送窗口大小达到一定阈值后，以较小的增长率调整发送窗口大小，以避免过度占用网络资源。

3. TCP 吞吐量的计算方法

TCP 吞吐量的计算公式如下：

$$TCP\ 吞吐量 = 总数据量\ /\ 总传输时间$$

6.3.6 实验步骤

本实验旨在利用 Wireshark 提供的分析工具探究 TCP 传输过程中的流量控制机制、拥塞机制以及估算吞吐量。实验主要包括两个任务：通过对 Web 服务器的访问获取 TCP 数据流，以及对捕获的数据包进行分析。实验步骤如下：

1）捕获 TCP 会话过程数据包。

2）分析 TCP 会话过程数据包。

1. TCP 会话过程数据包的捕获

TCP 传输行为分析实验的具体步骤如下：

1）打开 Wireshark，启动 Wireshark 分组捕获器。

2）在 Web 浏览器地址栏中输入：http://gaia.cs.umass.edu/wireshark-labs/alice.txt。

3）停止分组捕获。

4）在过滤器中输入"ip.addr==128.119.245.12"，如图 6-7 所示。

No.	Time	Source	Destination	Protoc	Lengtl	Info
53	2.351586	192.168.0.104	128.119.245.12	TCP	66	54715 → 80 [SYN] Seq=0 Win=64240 Len=0 MSS=1460 WS=
54	2.351935	192.168.0.104	128.119.245.12	TCP	66	54716 → 80 [SYN] Seq=0 Win=64240 Len=0 MSS=1460 WS=
60	2.601526	192.168.0.104	128.119.245.12	TCP	66	54717 → 80 [SYN] Seq=0 Win=64240 Len=0 MSS=1460 WS=
61	2.623112	128.119.245.12	192.168.0.104	TCP	66	80 → 54716 [SYN, ACK] Seq=0 Ack=1 Win=29200 Len=0 M
62	2.623204	192.168.0.104	128.119.245.12	TCP	54	54716 → 80 [ACK] Seq=1 Ack=1 Win=132096 Len=0
63	2.623457	192.168.0.104	128.119.245.12	HTTP	510	GET /wireshark-labs/alice.txt HTTP/1.1
64	2.627681	128.119.245.12	192.168.0.104	TCP	66	80 → 54715 [SYN, ACK] Seq=0 Ack=1 Win=29200 Len=0 M
65	2.627740	192.168.0.104	128.119.245.12	TCP	54	54715 → 80 [ACK] Seq=1 Ack=1 Win=132096 Len=0
69	2.882598	128.119.245.12	192.168.0.104	TCP	66	80 → 54717 [SYN, ACK] Seq=0 Ack=1 Win=29200 Len=0 M
70	2.882675	192.168.0.104	128.119.245.12	TCP	54	54717 → 80 [ACK] Seq=1 Ack=1 Win=132096 Len=0
71	2.893613	128.119.245.12	192.168.0.104	TCP	54	80 → 54716 [ACK] Seq=1 Ack=457 Win=30336 Len=0
72	2.895382	128.119.245.12	192.168.0.104	TCP	1506	80 → 54716 [ACK] Seq=1 Ack=457 Win=30336 Len=1452 [
73	2.896323	128.119.245.12	192.168.0.104	TCP	1506	80 → 54716 [ACK] Seq=1453 Ack=457 Win=30336 Len=145
74	2.896323	128.119.245.12	192.168.0.104	TCP	1506	80 → 54716 [ACK] Seq=2905 Ack=457 Win=30336 Len=145
75	2.896323	128.119.245.12	192.168.0.104	TCP	1506	80 → 54716 [ACK] Seq=4357 Ack=457 Win=30336 Len=145
76	2.896323	128.119.245.12	192.168.0.104	TCP	1506	80 → 54716 [ACK] Seq=5809 Ack=457 Win=30336 Len=145
77	2.896323	128.119.245.12	192.168.0.104	TCP	1506	80 → 54716 [ACK] Seq=7261 Ack=457 Win=30336 Len=145
78	2.896323	128.119.245.12	192.168.0.104	TCP	1506	[TCP Previous segment not captured] 80 → 54716 [ACK
79	2.896323	128.119.245.12	192.168.0.104	TCP	1506	[TCP Out-Of-Order] 80 → 54716 [ACK] Seq=8713 Ack=45
80	2.896399	192.168.0.104	128.119.245.12	TCP	66	54716 → 80 [ACK] Seq=457 Ack=8713 Win=132096 Len=0
81	2.896443	192.168.0.104	128.119.245.12	TCP	54	54716 → 80 [ACK] Seq=457 Ack=11617 Win=132096 Len=0
82	2.897132	128.119.245.12	192.168.0.104	TCP	1506	80 → 54716 [ACK] Seq=11617 Ack=457 Win=30336 Len=14
83	2.897132	128.119.245.12	192.168.0.104	TCP	1506	80 → 54716 [ACK] Seq=13069 Ack=457 Win=30336 Len=14

> Flags: 0x018 (PSH, ACK)
  Window: 516

The window size value from the TCP header (tcp.window_size_value), 2 byte(s)   分组: 563·已显示: 153 (27.2%)·已丢弃: 0 (0.0%)   配置: Default

图 6-7　Wireshark 捕获 TCP 会话数据分组界面

2. TCP 会话过程中数据包的分析

 想一想　分析从 Wireshark 中截获的数据分组并回答下面的问题（需要在实验报告中附上 Wireshark 的截图作为回答依据）：

1）从"捕获数据分组列表"窗口找到传输 alice.txt 文件的数据分组，如图 6-8 所示。根据这 6 个数据分组计算 TCP 连接的吞吐量。

63	2.623457	192.168.0.104	128.119.245.12	HTTP	510	GET /wireshark-labs/alice.txt HTTP/1.1
64	2.627681	192.168.0.104	192.168.0.104	TCP	66	80 → 54715 [SYN, ACK] Seq=0 Ack=1 Win=29200 Len=0 MSS=1452 SACK_PERM WS=128
65	2.627740	192.168.0.104	128.119.245.12	TCP	54	54715 → 80 [ACK] Seq=1 Ack=1 Win=132096 Len=0
69	2.882598	128.119.245.12	192.168.0.104	TCP	66	80 → 54717 [SYN, ACK] Seq=0 Ack=1 Win=29200 Len=0 MSS=1452 SACK_PERM WS=128
70	2.882675	192.168.0.104	128.119.245.12	TCP	54	54717 → 80 [ACK] Seq=1 Ack=1 Win=132096 Len=0
71	2.893613	128.119.245.12	192.168.0.104	TCP	54	80 → 54716 [ACK] Seq=1 Ack=457 Win=30336 Len=0
72	2.895382	128.119.245.12	192.168.0.104	TCP	1506	80 → 54716 [ACK] Seq=1 Ack=457 Win=30336 Len=1452 [TCP segment of a reassembled PDU]
73	2.896323	128.119.245.12	192.168.0.104	TCP	1506	80 → 54716 [ACK] Seq=1453 Ack=457 Win=30336 Len=1452 [TCP segment of a reassembled PDU]
74	2.896323	128.119.245.12	192.168.0.104	TCP	1506	80 → 54716 [ACK] Seq=2905 Ack=457 Win=30336 Len=1452 [TCP segment of a reassembled PDU]
75	2.896323	128.119.245.12	192.168.0.104	TCP	1506	80 → 54716 [ACK] Seq=4357 Ack=457 Win=30336 Len=1452 [TCP segment of a reassembled PDU]
76	2.896323	128.119.245.12	192.168.0.104	TCP	1506	80 → 54716 [ACK] Seq=5809 Ack=457 Win=30336 Len=1452 [TCP segment of a reassembled PDU]
77	2.896323	128.119.245.12	192.168.0.104	TCP	1506	80 → 54716 [ACK] Seq=7261 Ack=457 Win=30336 Len=1452 [TCP segment of a reassembled PDU]

图 6-8　传输文件的数据分组

2）从"捕获数据分组列表"窗口找到图 6-8 所示的数据分组的确认信息。在传输过程中，客户端是收到一个数据分组就发送 ACK 还是采用对多个分组的累积确认？

3）在 Wireshark 的"捕获数据分组列表"窗口中选择一个 TCP 段。然后选择菜单"统计→TCP 流图→时间序列图（tcptrace）"，得到如图 6-9 的分析图。请分析在跟踪的数据流中是否有重传的数据分组？请找到你跟踪的 TCP 数据流，估算它的 TCP 连接的吞吐量是多少？从图 6-8 中，确定 TCP 慢启动阶段的开始和结束点，以及拥塞避免的发生点。

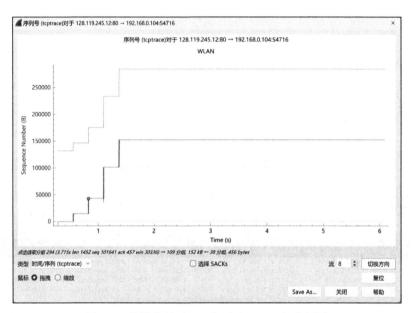

图 6-9　数据流的时间 / 序列（tcptrace）分析图

4）观察窗口尺寸分析图（如图 6-10 所示），分析传输 TCP 流客户端到服务器，以及服务器到客户端窗口的变化情况。

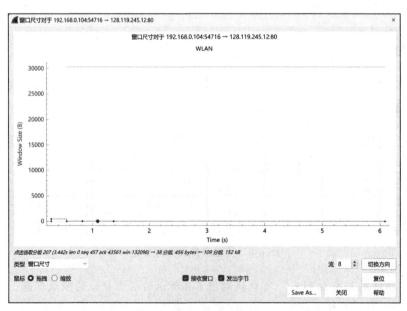

图 6-10　TCP 数据流的窗口尺寸分析图

6.3.7　实验总结

本实验的目的是让学生能够利用 Wireshark 提供的分析工具对捕获的 TCP 数据流进行深入分析。通过本实验，学生应该掌握 TCP 流量控制和拥塞控制的相关知识，并通过实际操作加深对这些知识的理解和应用。

6.3.8　思考与进阶

思考： 在传输过程中，客户端采用对每个数据包发送 ACK 或是对多个包的累积确认，这取决于哪些因素？除了数据包的确认信息，还有哪些因素可能会影响客户端选择的确认方式？

进阶： 在观察窗口尺寸分析图时，窗口尺寸的变化可能受哪些因素的影响？通过分析客户端到服务器和服务器到客户端窗口的变化情况，可以得出哪些关于 TCP 连接性能的结论？在某些情况下，窗口尺寸的变化是否会导致 TCP 连接性能的下降？

第 7 章
网络层实验

网络层位于 TCP/IP 体系中的第三层，它的主要功能是实现不同网络之间的互联。Internet 的网络层向通信的主机提供了一种无连接、不可靠的数据报服务。除了 IP，网络层的协议还包括 ICMP、路由协议、DHCP、NAT 等。这些协议都依赖于网络层的 IP 地址，因此，在进行实验之前，需要掌握 IP 地址和子网划分等相关知识。

本章设计了 6 个网络层实验，旨在帮助学生了解网络层各个协议的工作原理和网络层的设备路由器的配置方法。在本章的实验中，不仅需要利用 Wireshark 软件捕获数据分组，并通过分析数据分组来理解协议的工作机制，更重要的是要利用 Cisco 的 Packet Tracer 软件来模拟网络的构建和网络设备的配置。在开始网络层实验之前，建议先阅读本书第 4 章，了解 Packet Tracer 软件的使用方法。

7.1 DHCP 的配置与协议分析

7.1.1 实验背景

主机通常有两种获取 IP 地址的方法：①由管理员人工配置静态 IP 信息；②通过 DHCP，本地主机从 DHCP 服务器动态获取 IP 地址和其他 IP 配置信息。

DHCP（Dynamic Host Configuration Protocol，动态主机配置协议）可以为本地网络或无线网络的主机分配临时的 IP 地址，并提供 IP 地址、子网掩码、默认网关以及域名服务器的 IP 地址等信息。

7.1.2 实验目标与应用场景

1. 实验目标

本实验以 Windows Server 2008 为配置环境，旨在通过 DHCP 的配置和数据包的分析，了解 DHCP 的工作原理。通过本实验，学生应该掌握以下知识点：

1）如何在 Windows Server 下安装和配置 DHCP 服务。

2）DHCP 的四次握手过程。

3）DHCP 的地址续借过程。

4）DHCP 如何利用特殊 IP 地址进行握手。

2. 拓展应用场景

DHCP 服务可以部署在路由器或服务器上。它们的本质是相同的，但是路由器的处理能力和存储空间都不如服务器，并且当路由器级联时，多个接入点可能会引起 DHCP 服务的冲突。而服务器 DHCP 可以更好地定义 IP 分配规则、配置租约期等。因此，路由器 DHCP 适用于小型网络，服务器 DHCP 适用于大型网络。

DHCP 服务使用广播地址来响应客户端的请求，由于路由器不转发 DHCP 广播报文，跨网段时需要在每个网段中都设置 DHCP 服务，或者使用 DHCP Relay（DHCP 中继）。DHCP Relay 的核心是通过一个小程序（DHCP 代理服务）将路由器配置为接收该广播请求，并以单播形式转发给指定的 IP 地址（DHCP 服务器 IP 地址）。DHCP Relay 服务通常配置在路由器或交换机上。

DHCP 也存在 DHCP 饥饿攻击（DHCP Starvation Attack）的风险（类似于 TCP SYN 洪水攻击）。攻击者使用伪造的 MAC 地址向 DHCP 服务器发送大量请求包，DHCP 为其分配 IP，直到 IP 资源池耗尽。为了达到盗用服务的目的，攻击者此时可以再伪造一个 DHCP 服务器来响应正常请求。目前，采用 DHCP+ 认证技术（例如 DHCP+Web 方式、DHCP+ 客户端方式、DHCP 扩展字段方式）可以提高 DHCP 的安全性。

7.1.3　实验准备

为了完成本实验，学生需要预先掌握以下知识：

1）DHCP 的原理。

2）DHCP 获取新 IP 配置信息和续借 IP 配置信息的区别。

3）Wireshark 软件的使用方法。

7.1.4　实验平台与工具

1. 实验平台

Windows Server 2008 R2 SP1。

2. 实验工具

Wireshark。

7.1.5　实验原理

1. 基本概念

DHCP 是一个在 TCP/IP 网络下向主机传递配置信息的框架。DHCP 在 BOOTP（Bootstrap Protocol，引导程序协议）的基础上，增加了自动为主机分配可用地址和其他配置信息的功能。DHCP 由两部分组成：一部分是 DHCP 服务器中的协议，用于获取主机的特定配置信息；另一部分是 DHCP 服务器中的机制，用于为主机分配地址。

DHCP 通过四个步骤（DHCP 发现、DHCP 提供、DHCP 请求、DHCP 应答）来获取客户端的 IP 信息。客户端获取的 IP 地址是从 DHCP 服务器租用的，因此分配的 IP 地址有一定的租期。当租期到期时，客户端需要完成地址的续租过程。

2. 实验的拓扑结构

客户端主机设置为"自动获取 IP"时，DHCP 服务器会为主机动态分配 IP 配置信息。如果 DHCP 服务器和客户端不在同一个子网，可以使用 DHCP 中继（DHCP Relay）代理，通过路由器将 DHCP 客户端的请求以单播方式发送给 DHCP 服务器（本实验主要通过客户端和服务器在同一子网的情况来了解 DHCP 的工作过程）。本实验的拓扑结构如图 7-1 所示。

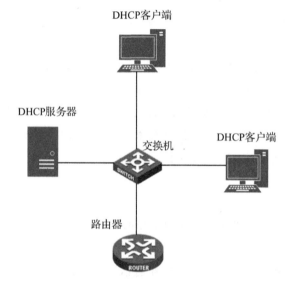

图 7-1　DHCP 实验的拓扑结构

7.1.6　实验步骤

本实验旨在让学生掌握两个技能：一是在 Windows Server 环境下搭建 DHCP 服务器，二是利用 Wireshark 软件截获和分析 DHCP 数据包，从而深入理解 DHCP 的工作原理和机制。实验步骤如下：

1）Windows Server 下 DHCP 服务器的安装与配置。

- DHCP 服务器的安装及配置。
- DHCP 客户端配置。

2）DHCP 数据包的获取及协议分析。

- DHCP 获取全新的 IP 配置信息的数据包捕获及分析。
- DHCP 续借数据包的捕获及分析。

1. Windows Server 下 DHCP 服务器的安装与配置

（1）DHCP 服务器的安装及配置

在 Windows Server 操作系统下，依次单击"开始"菜单、"管理工具"选项，打开"服务器管理器"窗口，如图 7-2 所示。

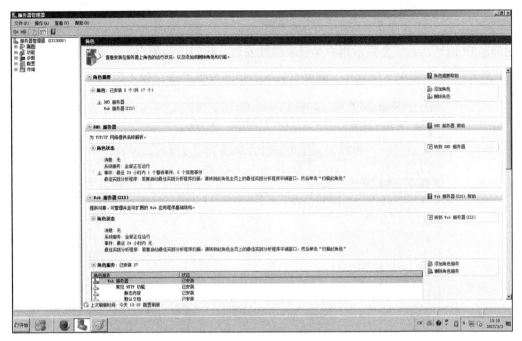

图 7-2　"服务器管理器"窗口

在图 7-2 所示的"服务器管理器"窗口中，单击"添加角色"按钮，进入如图 7-3 所示的"添加角色向导"界面。

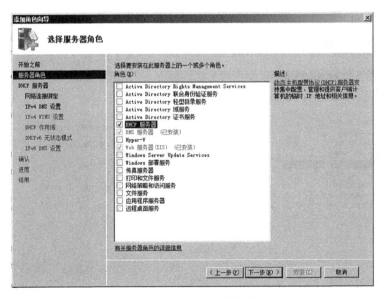

图 7-3　"添加角色向导"界面

在"添加角色向导"界面中，选择"DHCP 服务器"角色，然后单击"下一步"按钮，进入 DHCP 服务器的配置界面。在这里，需要设置以下参数：IP 地址范围、默认网关、DNS

服务器等，这些是 DHCP 客户端获取 IP 地址时所需的配置信息。图 7-4 显示了 DHCP 服务器的 IP 地址为 192.168.10.35，学生可以根据当时的网络环境进行修改。配置完成后，单击"下一步"按钮，打开图 7-5 所示的 DNS 配置界面。注意，如果 Windows Server 系统没有使用静态 IP 地址，系统会提示用户是否要继续安装。我们建议使用静态 IP 地址，因为如果 DHCP 服务器的 IP 地址发生变化，会导致局域网中的 DHCP 客户端无法正常通信。

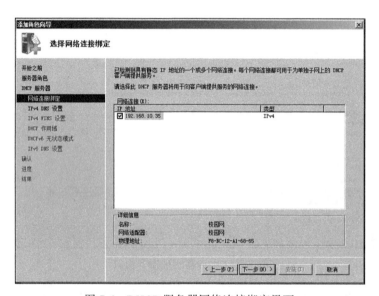

图 7-4　DHCP 服务器网络连接绑定界面

在如图 7-5 所示的配置界面中，在"父域"输入框中输入自己的域名，在"首选 DNS 服务器 IPv4 地址"和"备用 DNS 服务器 IPv4 地址"输入框中分别输入本地 DNS 服务器 IP 地址和备用 DNS 服务器 IP 地址。

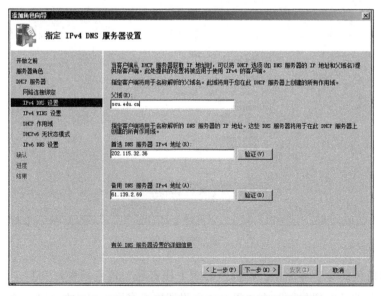

图 7-5　DHCP 中指定 IPv4 DNS 服务器配置界面

单击"下一步"按钮，进入 WINS 配置界面。由于本实验不涉及 WINS 设置，可以直接单击"下一步"按钮，跳过这一步，进入 DHCP 作用域配置界面，如图 7-6 所示。在这里，需要设置 DHCP 服务器要分配给 DHCP 客户端的 IP 地址范围和其他相关信息。

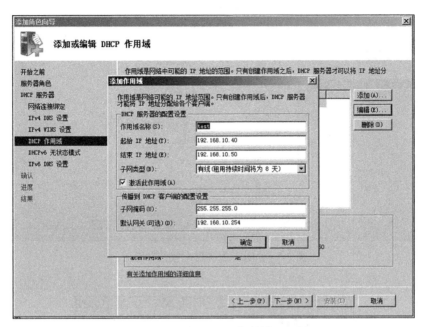

图 7-6　DHCP 中 DHCP 作用域配置界面

在"作用域名称"输入框中输入自定义的作用域名称，然后设置 DHCP 自动配置给主机的 IP 地址范围，分别在"起始 IP 地址"和"结束 IP 地址"输入框中输入 IP 地址范围。在输入地址时，需要把服务器的 IP 地址排除在外。再配置 IP 地址的租用时间，一般有线网络的租用持续时间较长（8 天），无线网络的租用持续时间较短（8 小时），根据子网类型选择默认的设置时间即可。设置好 IP 地址池的范围以后，系统会根据 IPv4 地址的类型，自动填入默认子网掩码。最后设置默认网关，如果只是简单地让主机获取配置信息，默认网关可以不填，但是如果主机需要和外界进行通信，则需要设置正确的默认网关。配置完成以后，单击"确定"按钮。由于本实验只考虑 IPv4 的地址分配，因此，在下一步配置 DHCPv6 的无状态模式时，选择禁用后出现如图 7-7 的配置结果界面。

完成 DHCP 服务器的配置后，可以在图 7-7 所示的界面中，查看配置信息是否正确。如果没有问题，就单击"安装"按钮，开始安装 DHCP 服务器角色。

（2）DHCP 客户端的配置

服务器端配置完成以后，打开"网络连接"窗口，选择"属性"按钮，在"以太网"属性窗口中，双击"Internet 协议版本 4（TCP/IPv4）"选项，出现如图 7-8 所示的界面。

选择"自动获得 IP 地址"选项，单击"确定"按钮。客户端就会从 DHCP 服务器自动获取 IP 配置信息。

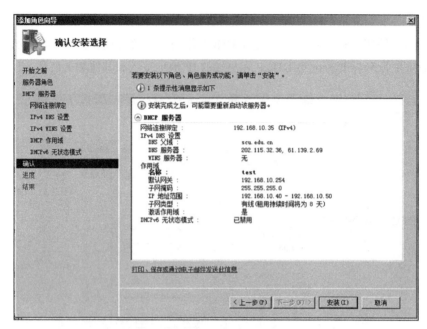

图 7-7　DHCP 服务器配置结果界面

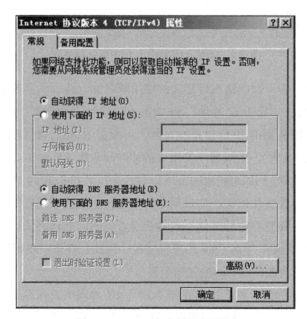

图 7-8　DHCP 客户端配置界面

2. DHCP 协议分析

（1）DHCP 获取新 IP 配置信息过程的分析

1）在命令行通过使用 ipconfig /release 命令释放客户端主机原有的 IP 配置信息。

提示：如果不使用 release 命令，则无法获取 DHCP 完整的四次握手过程，只能得到续借的两次握手的数据包。

2）打开 Wireshark，启动 Wireshark 分组捕获器。

3）通过 ipconfig/renew 命令，重新获取 IP 配置信息。

4）停止分组捕获。

5）在过滤器中输入"dhcp"后按回车键，结果如图 7-9 所示。

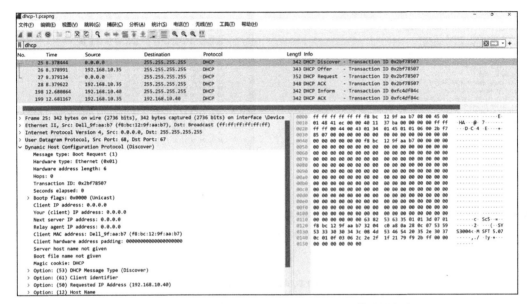

图 7-9　Wireshark 截获 DHCP 获取新 IP 配置信息的报文

 对 Wireshark 中截获的数据分组进行分析，回答以下问题（需要在实验报告中附上 Wireshark 的截图作为回答依据）：

1）客户端主机在获取一个新的 IP 配置信息时需要通过几次握手来完成？

2）DHCP 服务器从地址池中选择哪个 IP 地址分配给客户端？

3）DHCP 会话过程中的 Transaction ID 是什么？

4）DHCP 分配的子网掩码、DNS 域名服务器分别是什么？

5）该客户端主机租借的 IP 地址租期为多久？

6）DHCP 采用哪个传输层协议来传送 DHCP 的报文？

7）DHCP 的客户端在没有分配 IP 地址之前采用什么 IP 地址和服务器通信？服务器采用什么 IP 地址来保证客户端收到服务器的配置信息？

（2）DHCP IP 地址的续借过程的分析

1）打开 Wireshark，启动 Wireshark 分组捕获器。

2）断开当前连接（可以通过拔掉网线或者禁用网卡来实现）。

3）重新接入网络，可以重新连接网线或者重新启用网卡，让主机自动获取 IP 地址。

4）停止分组捕获。

5）在过滤栏器中输入"dhcp"，如图 7-10 所示。

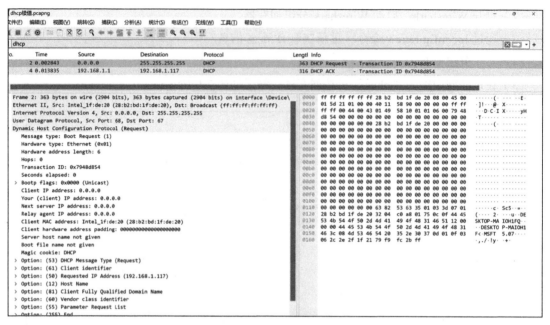

图 7-10　Wireshark 截获 DHCP 续借 IP 的报文

对 Wireshark 中截获的数据报文进行分析，回答以下问题（需要在实验报告中附上 Wireshark 的截图作为回答依据）：

1）主机重新接入网络的时候，需要重新获取新的 IP 还是对原 IP 进行续租？

2）主机在续租时，使用几次握手来完成续租的过程？

7.1.7　实验总结

本实验的难度不大，但是在分析 DHCP 报文的时候，需要重点关注 DHCP 四次握手获取新 IP 的过程。在实验中，学生们常常忽略这一点，结果只能捕获到 DHCP 两次握手的报文，这仅仅是一个续借的过程，无法全面掌握 DHCP 的工作原理。因此，在分析协议的时候，要特别注意每次握手时发送方和接收方使用的特殊 IP 地址。

7.1.8　思考与进阶

思考：DHCP offer 报文发送以后，DHCP 服务器已经告诉客户端准备分配的 IP 地址了，为什么第四次握手发送 DHCP ACK 时，服务器仍然采用广播的方式发送给客户端？

进阶：DHCP 中继（也称为 DHCP 中继代理）可以实现在不同子网和物理网段之间处理和转发 DHCP 信息的功能。在配置了 VLAN 的交换机中可以配置 DHCP 中继，通过配置好的 DHCP 中继了解 DHCP 在不同子网下转发 DHCP 信息的工作原理。

7.2 ICMP 协议分析

7.2.1 实验背景

ICMP（Internet Control Message Protocol，网际控制报文协议）是一种用于在 IP 主机和路由器之间传递控制信息的协议。由于 IP 是无连接、不可靠的传输协议，它不能保证数据报正确到达目的地，因此通过 ICMP 来帮助主机和路由器了解数据报在传送过程中出现故障的具体原因和位置。ICMP 允许主机或路由器报告差错信息和提供有关异常情况的报告，例如目的地不可达、超时、重定向等。ICMP 在网络中的应用非常广泛，它是网络测试工具的基础，例如 Ping 和 Traceroute 都是利用 ICMP 报文实现的。

7.2.2 实验目标与应用场景

1. 实验目标

本实验的目标是通过对 Ping 和 Traceroute 命令发送的数据包进行捕获和分析，深入了解 ICMP 的工作原理和应用场景。ICMP 有两类报文：查询报文和差错报文，它们分别用于检测网络连通性和报告网络异常。Ping 和 Traceroute 是两个常用的网络测试工具，它们都是利用 ICMP 报文实现的。Ping 用于测试主机之间的连通性，Traceroute 用于测试数据包的传输路径。通过本实验，学生应该掌握以下知识点：

1）ICMP 的原理与作用。

2）不同类型 ICMP 字段的含义。

3）Ping 的工作原理。

4）Traceroute 的工作原理。

2. 拓展应用场景

ICMP 请求和应答报文是双向查询的，协议中包含多种类型的数据，这使得攻击者容易利用它发起攻击。常见的攻击方式有：针对主机的 DoS 攻击（如 Ping of Death）、针对带宽的 DoS 攻击（如伪造 echo request 报文）、针对连接的 DoS 攻击（如伪造 Destination Unreachable 终止合法连接）、基于重定向的路由欺骗等。为了预防 ICMP 攻击，我们需要根据不同的攻击方式采取不同的对策，如配置防火墙禁止指定类型的 ICMP 包、禁用路由器的定向广播功能、验证 ICMP 重定向消息等。

7.2.3 实验准备

为了完成本实验，学生需要预先掌握以下知识：

1）ICMP 的原理，即它是如何在 IP 网络中传递控制信息的。

2）Ping 和 Traceroute 的设计原理，即它们是如何利用 ICMP 测试网络连通性和传输路径的。

3）Wireshark 软件的使用方法。

7.2.4　实验平台与工具

1. 实验平台

Windows 11。

2. 实验工具

Wireshark。

7.2.5　实验原理

1. ICMP 的基本概念

ICMP 是 RFC792 中定义的一种协议，它用于提供 IP 数据报故障的反馈。当 IP 数据报在网络中出现问题时，ICMP 可以让出错的路由器或目的主机向源主机发送错误报告，源主机则可以将错误交给应用程序处理或采取措施纠正问题。ICMP 不仅有差错报告功能，还有查询功能，可以帮助分析网络环境并定位网络问题。ICMP 报文作为 IP 数据报的数据部分，加上 IP 首部后，就构成了 IP 数据报。

当网络层发现 IP 数据报出现错误时，会丢弃该 IP 数据报，并向源主机发送 ICMP 差错报文，以反馈网络数据分组故障。为了帮助源主机了解故障的原因和位置，差错报文的数据字段不仅包含出错 IP 数据报的 IP 首部，还包含出错 IP 数据报的数据部分的前 8 个字节。常见的差错报文有目的地不可达、超时、参数错误等。

ICMP 请求 / 应答报文是一种用于获取一些有用信息的请求 / 应答机制，例如：回送请求 / 应答（用于测试网络连通性）、时间戳请求 / 应答（用于测量网络延迟）等。

2. Ping 命令的基本原理

Ping 是一种基于 ICMP 的网络测试工具，用来检测两个主机之间的连通性。Ping 的原理是向目标主机发送一个 ICMP ECHO 请求数据包，并等待接收 ECHO 应答数据包。Ping 报文可以根据发送和接收的报文个数，以及报文的往返时间判断目的主机是否可达，以及链路的质量和距离。Ping 命令可以针对不同的对象，获取不同的查询结果，以便了解网络的状况。例如：

- Ping 回送地址，用来检查本地的 TCP/IP 配置。
- Ping 本机 IP 地址，用来检查本机的 IP 地址设置和网卡安装配置是否正确。
- Ping 默认网关或本网 IP 地址，用来检查硬件设备和本机与本地网络的连接是否正常。
- Ping 域名，用来检查域名服务器是否正常工作，以及远程主机是否可达。

3. Traceroute 命令的基本原理

Traceroute 是一种用于了解从源主机到目的主机所经过的路径的网络测试工具，它在 UNIX 系统中叫作 Traceroute，在 Windows 系统中叫作 Tracert。Traceroute 的原理是向目的主机发送一系列小数据包，并等待接收回应，从而测量经过的设备的名称和 IP 地址，以及每次测试的时间。对于路径上的每个设备，Traceroute 会发送三次数据包，以便计算平均值。

Traceroute 是通过 IP 数据报的 TTL（Time To Live，生存时间）和 ICMP 报文来实现的。

它的原理是，首先向目的主机发送一个 TTL 为 1 的数据包，当它经过路径上的第一个路由器时，TTL 减 1 变为 0，于是路由器就会丢弃这个数据包，并向源主机发送一个 ICMP 超时的差错报文。源主机就可以从这个报文中获取第一个路由器的 IP 地址。然后，源主机再发送一个 TTL 为 2 的数据包，经过同样的过程可以获取第二个路由器的 IP 地址。源主机依次递增 TTL 的值，就可以获取沿途所有路由器的 IP 地址。不过，需要注意的是，由于安全性的原因，很多路由器会禁用 ICMP 报文，因此 Traceroute 可能无法获取路径上所有路由器的信息。

7.2.6　实验步骤

本实验要通过捕获 Ping 和 Traceroute 的数据包，深入了解 ICMP 请求 / 应答报文和差错控制报文的工作原理，以及 Ping 和 Traceroute 的设计原理。本实验包括两个任务，具体步骤如下：

1）Ping 数据包的捕获及原理分析。

2）Traceroute 数据包的捕获及原理分析。

1. Ping 数据包的捕获及原理分析

1）打开 Wireshark 软件，启动分组捕获器。

2）在命令行中输入 "ping –n 5 www.scu.edu.cn"（如果想了解 ping 命令的参数说明，可以在命令行中输入 "ping /?"），其中，参数 -n 用来指定要发送的回显请求数。然后单击回车键。

3）停止分组捕获。

4）在过滤器中输入 "icmp"，只显示与 ICMP 相关的数据包，如图 7-11 所示。从图中可以看到，共有 10 个 ICMP 数据包，这是因为实验中设置 ping 程序发送 5 次请求，每次请求都会收到一个 ICMP 应答数据包，所以总共有 10 个数据包。在 Info 域中，可以区分哪些是请求包，哪些是应答包。

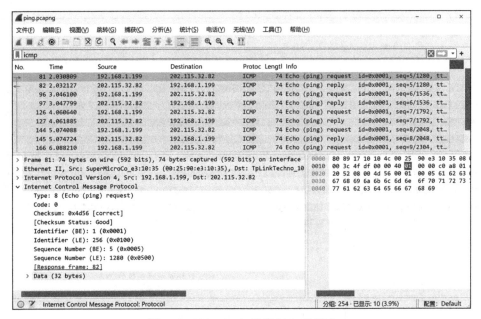

图 7-11　Wireshark 捕获 Ping 的报文

对 Wireshark 中截获的数据分组进行分析，回答下列问题（需要在实验报告中附上 Wireshark 的截图作为回答依据）：

1）Ping 命令利用了 ICMP 哪种类型的报文，从哪里可以看出来？

2）Ping 分组发送的 ICMP 报文的数据部分的内容是什么？

3）第一个 Ping 报文返回的准确时间是什么？

4）IP 数据报头部已经有 checksum 字段，为什么 ICMP 还有 checksum 字段？

2. Traceroute 数据包的捕获及原理分析

1）打开 Wireshark，启动 Wireshark 分组捕获器。

2）在命令行中输入 "tracert /d www.scu.edu.cn"，按回车键，结果如图 7-12 所示。

3）停止分组捕获。

4）在过滤器中输入 "icmp"，如图 7-13 所示。

提示：在 tracert 命令后加入 /d 参数，表明不将地址解析为主机名，可以避免 netbios 解析主机名的错误 ICMP 报文干扰实验。

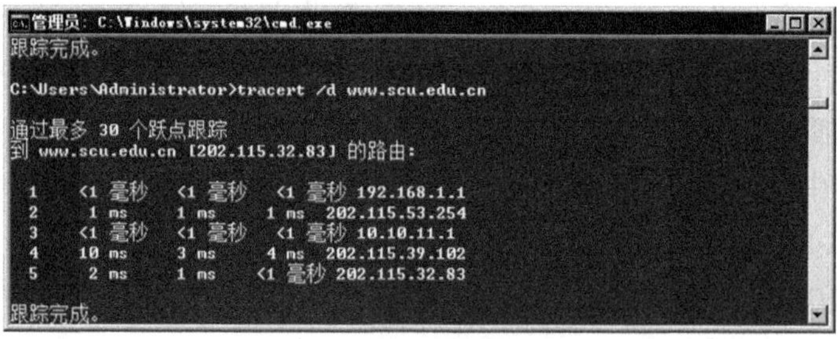

图 7-12   tracert 的运行结果

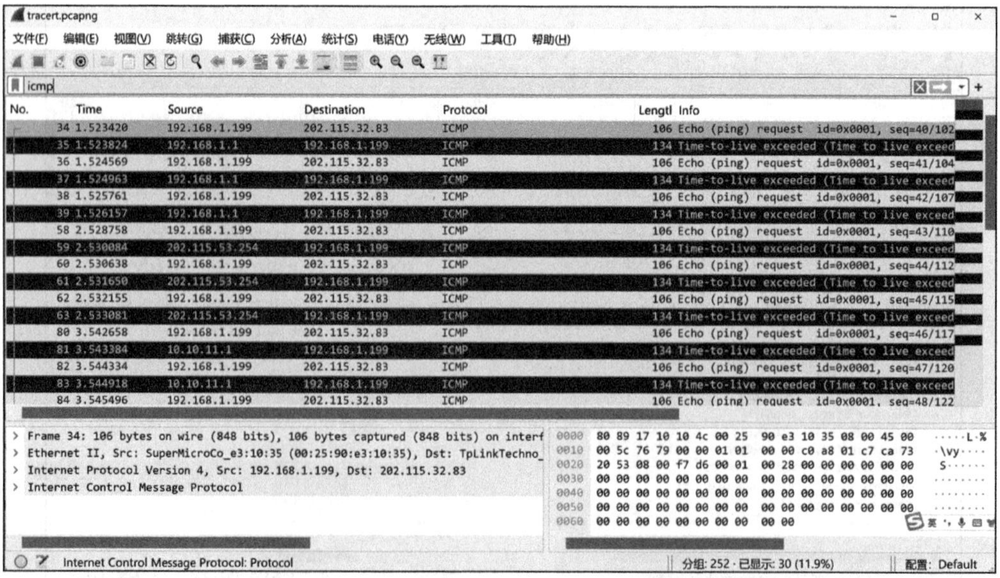

图 7-13   Wireshark 捕获 Traceroute 的分组

想一想　　对 Wireshark 中截获的数据分组进行分析，回答下列问题（需要在实验报告中附上 Wireshark 的截图作为回答依据）：

1）Traceroute 应用发送的是 ICMP 什么类型的数据分组？

2）Traceroute 发送的回显请求分组和 Ping 发送的分组的数据部分有什么差异？

3）发送的报文出现了什么错误，错误原因是什么？

4）第一个 TTL 超时报文是由谁发出的？

5）在 Traceroute 的过程中，发送方一共发送了多少个不同 TTL 的报文（相同 TTL 的报文算一个）？

6）这些数据分组的 TTL 字段有什么特点？

7）Traceroute 到达目的地的判断方法是什么？

8）对捕获的数据分组进行分析，源主机收到了哪些不同 IP 发送的 ICMP 报文？

提示：在 Linux 操作系统下，Traceroute 捕获的数据分组和 Windows 下捕获的数据分组存在一定差异，但是基本原理是相似的。

7.2.7　实验总结

虽然本实验的操作部分简单，但是涉及很多实用的知识点，可以帮助学生理解 ICMP 的内容和用途，以及两个常用的网络管理工具：Ping 和 Traceroute。Ping 和 Traceroute 是经常使用的网络命令，学生可以在命令行中输入"命令 /?"来获取它们的详细使用帮助。需要注意的是，Linux 系统下的 Traceroute 和 Windows 系统下的 Tracert 的具体实现方式有一些不同。

7.2.8　思考与进阶

思考：如果在 Traceroute 数据分组的捕获中，不加入"/d"参数，会发生什么情况？分析说明这些新增加的数据分组是什么原因导致的？

进阶：通过捕获 Windows 下和 Linux 下的 Traceroute 程序发送的数据分组，分析这两个操作系统下 Traceroute 的实现过程。

7.3　路由器的配置

7.3.1　实验背景

路由器是网络层的一种专用于路由选择的计算机。它的功能是从收到的数据包中提取目的主机的网络层地址，并通过自己动态更新的路由表，找到最佳的传输路径；然后根据路径上的下一跳地址，选择合适的输出端口。路由器可以支持多种协议，包括 TCP/IP、IPX/SPX、AppleTalk 等，但 TCP/IP 是最常用的协议族。

7.3.2 实验目标与应用场景

1. 实验目标

本实验的目标是了解如何通过 Console 口对路由器进行初始配置，包括 IP 信息、权限和账户等。本实验可以选择实物路由器或 Packet Tracer 作为配置环境，教师可以根据实际情况自行安排适合的实验平台。通过本实验学生应该掌握以下知识点：

1）路由器的不同工作模式。

2）路由器的基本命令。

3）Telnet 的路由配置方法。

2. 拓展应用场景

路由器是一种能够连接不同局域网和广域网的网络设备，例如，企业内部网络要接入 Internet，就需要使用路由器。在不同的网络之间，还可以增加计费系统、防火墙、入侵防御系统（IPS）等，以提高系统的功能和安全性。

7.3.3 实验准备

为了完成本实验，学生需要预先掌握以下知识：

1）路由器的 Console 口配置方式，详见第 1 章的内容。

2）路由器的基本配置命令，包括进入不同的工作模式、设置 IP 地址、保存配置等。

3）Packet Tracer 的使用方法，详见第 4 章的内容。

7.3.4 实验平台与工具

1. 实验平台

1）实物环境：Windows Server 2008 R2。

2）Packet Tracer 环境：Windows 11（使用任何可以安装 Cisco Packet Tracer 的平台均可以完成本实验）。

2. 实验工具

1）实物环境：锐捷路由器一台、锐捷交换机一台、主机两台、Console 线一根、双绞线若干。

提示：路由器可以选用不同品牌的产品，但需要注意其命令格式会有所不同。

2）Packet Tracer 环境：Cisco Packet Tracer 8.2.1。

7.3.5 实验原理

1. 路由器的四种工作模式

在连接并登录路由器后，会进入可操作状态。路由器在可操作状态下有四种模式，分别是用户模式、特权模式、全局模式和接口模式。在不同的模式下，路由器允许执行的命令是不同的，也就是说，每个模式都有自己的命令范围。一般来说，用户模式的命令范围最小，特权模式的命令范围最大，全局模式和接口模式的命令范围介于二者之间。各个模式之间的关系如图 7-14 所示。

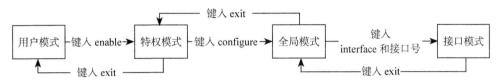

图 7-14　路由器各个模式间的关系

（1）用户模式

用户模式（User Mode）是路由器可操作状态中最基本的一种模式。当路由器完成初始配置并开机启动后，就会自动进入用户模式。用户模式的提示符是 ">"，例如：

```
Router>
```

其中，Router 是路由器的名称，">" 是用户模式的提示符。用户模式主要用于监控网络的运行状况，只能执行一些不会影响路由器配置的命令，例如查看路由器的版本信息、测试路由器与其他设备的连通性等。

（2）特权模式

特权模式（Privileged Mode）是路由器可操作状态中最高级的一种模式。要从用户模式进入特权模式，需要输入 enable 命令，并提供特权密码（如果有的话）。特权模式的提示符是 "#"，例如：

```
Router> enable
Router #
```

在特权模式下能查看和管理路由器的配置文件，但是仍然不能进行配置操作。在特权模式下输入 wr 将保存配置信息，输入 exit 将退回到用户模式。例如：

```
Router #wr
Building configuration…
[OK]
Router #
```

（3）全局模式

在特权模式下，输入 configure 将进入全局模式。全局模式的提示符为 "(config)#"，例如：

```
Router #configure
Configuring from terminal, memory, or network [terminal]?
Enter configuration commands, one per line. End with CNTL/Z.
Router (config) #
```

在全局模式下能配置路由器的全局信息，例如用户和访问密码等。在全局模式下，输入 exit 将退回到特权模式。例如：

```
Router (config) #exit
Router #
%SYS-5-CONFIG I: Configured from Console by Console
```

（4）接口模式

接口模式（Interface Mode）是路由器可操作状态中一种针对特定接口的配置模式。要从全局模式进入接口模式，需要输入 interface 命令，并指定接口的类型和编号。接口模式的提示符是 (config-if)#。在接口模式下，可以对接口的参数进行配置，例如设置接口的 IP 地址、子网掩码、速率、双工模式、描述等，也可以启动或关闭接口。在接口模式下，输入 exit 命令，可以返回到全局模式。

```
Router(config)#
Router(config)#interface fastEthernet 0/1
```

2. 登录 Telnet

在初次使用路由器时，需要通过 Console 口（控制台端口）连接到路由器，并通过键盘和显示器进行交互。这种方式虽然安全，但是不够方便，因为用户必须在路由器的物理位置才能操作。为了提高管理效率，可以开启 Telnet（远程登录协议）的登录方式。开启 Telnet 后，就可以在任何能与路由器网络连通的主机上，通过网络远程连接到路由器，并使用命令行界面进行配置管理。要想成功地通过 Telnet 登录路由器，需要注意以下几个关键点：

- 路由器必须有一个有效的 IP 地址，以便与其他网络设备通信。
- 路由器必须允许用户远程登录，即开启 Telnet 服务。
- 路由器必须有一个合适的密码，以保证登录的安全性。

7.3.6 实验步骤

学生要通过本实验掌握路由器的基本配置方法，以及 Telnet 的远程登录功能。本实验分为两个部分，分别在实物路由器和思科模拟器（Packet Tracer）上进行操作。在两种环境下，都需要通过路由器的 Console 口（控制台端口）连接到路由器，并使用命令行界面进行配置。实物路由器和 Packet Tracer 环境下的配置步骤如下：

1）构建网络拓扑结构。

2）配置主机的 IP 信息。

3）路由器 Console 口的基本配置。

4）路由器连通性测试。

5）Telnet 登录配置。

6）Telnet 测试。

1. 在实物路由器上配置路由器

（1）构建网络拓扑结构

本实验的网络拓扑如图 7-15 所示。在本实验中，需要使用 Console 线（控制台线）将路由器的 Console 口（控制台端口）和主机的 COM 口（串行端口）连接起来，以便通过键盘和显示器与路由器进行交互。关于 Console 线的连接方式和路由器的初始配置方法，请参考第 1 章。除了 Console 线外，还需要使用双绞线将路由器和交换机，以及交换机和其他网络设备连接起来，以实现网络的连通性。本实验中使用的路由器型号是 RG-RSR20 SERIES，交换机型号是 RG-S2928G-E。

图 7-15　网络拓扑

本实验中，各个设备 IP 的配置情况如表 7-1 所示。由于主机 PC0 从 Console 口登录 Router0，所以无须配置 IP 地址、子网掩码和网关。PC1 通过交换机连接路由器的 LAN 口。

表 7-1　网络拓扑中各设备的 IP 地址

设备	接口	IP 地址	子网掩码	默认网关
PC0	RS 232	N/A	N/A	N/A
PC1	Fa0	192.168.1.2	255.255.225.0	192.168.1.1
R0	Fa0/0	192.168.1.1	255.255.225.0	N/A

（2）配置主机的 IP 地址和网关

打开主机 PC1 的电源，进入 Windows Server 2008 R2。在"开始"菜单中单击"控制面板"，在控制面板中单击"查看网络状态和任务"。此时在"查看活动网络"栏下可以看到已经启用的网卡连接。单击连接名称进入状态页面，在"常规"栏下单击"属性"按钮，并找到"Internet 协议版本 4（TCP/IPv4）"选项，单击"属性"按钮，配置 IP 地址和网关，如图 7-16 所示。

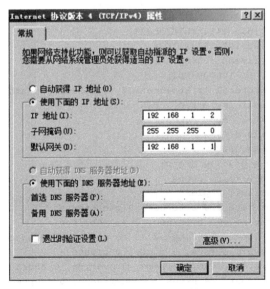

图 7-16　PC1 的 IP 配置界面

（3）路由器的基本配置

在 PC0 中打开 SecureCRT，单击"快速连接"，按照表 7-2 所示的信息依次在项目中进行选择。

表 7-2   SecureCRT 快速连接选项信息

选项名称	选择情况	备注
Protocol	Serial	
Port	COM3	可根据实际情况选择其他接口号
Baud rate	9600	
Data bits	8	
Parity	None	
Stop bits	1	

单击"连接"按钮后，进入路由器的配置界面。输入如下命令，对 Router0 的 Fa0/0 接口配置表 7-1 所示的 IP 地址、子网掩码和网关。其中加粗的行需要键入命令，未加粗的行是反馈显示部分。

代码   7-1

```
Ruijie>enable              //进入特权模式
Ruijie#configure terminal          //进入全局模式
Enter configuration commands, one per line.  End with CNTL/Z.
Ruijie(config)#interface fastEthernet 0/0        //设置0号端口
Ruijie(config-if-FastEthernet 0/0)#ip address 192.168.1.1 255.255.255.0
                                  //设置IP信息
Ruijie(config-if-FastEthernet 0/0)#end        //返回特权模式
Ruijie#*Mar  5 14:55:18: %SYS-5-CONFIG_I: Configured from Console by Console

Ruijie#show interface fastEthernet 0/0          //查看端口信息
show interface fastEthernet 0/0
Index(dec):1 (hex):1
FastEthernet 0/0 is UP  , line protocol is UP
Hardware is MPC8248 FCC FAST ETHERNET CONTROLLER FastEthernet, address is
    1414.4b7d.ccd3 (bia 1414.4b7d.ccd3)
Interface address is: 192.168.1.1/24
ARP type: ARPA,ARP Timeout: 3600 seconds
    MTU 1500 bytes, BW 100000 Kbit
    Encapsulation protocol is Ethernet-II, loopback not set
    Keepalive interval is 10 sec , set
    Carrier delay is 2 sec
    RXload is 1 ,Txload is 1
    Queueing strategy: FIFO
        Output queue 0/40, 0 drops;
        Input queue 0/75, 0 drops
    Link Mode: 100M/Full-Duplex
    5 minutes input rate 234 bits/sec, 0 packets/sec
    5 minutes output rate 0 bits/sec, 0 packets/sec
        28 packets input, 5262 bytes, 0 no buffer, 0 dropped
        Received 28 broadcasts, 0 runts, 0 giants
        0 input errors, 0 CRC, 0 frame, 0 overrun, 0 abort
        2 packets output, 84 bytes, 0 underruns , 0 dropped
        0 output errors, 0 collisions, 2 interface resets
```

（4）路由器连通性测试

通过主机 PC1 测试其与 Router0 的连通情况。在 PC1 的"开始"菜单中单击"所有程序"，在程序列表中找到"附件"并单击展开。在"附件"列表中单击"命令提示符"。打开"命令提示符"后输入"ping 192.168.1.1"，如图 7-17 所示，会看到主机 PC1 与 Router0 可以 ping 通。

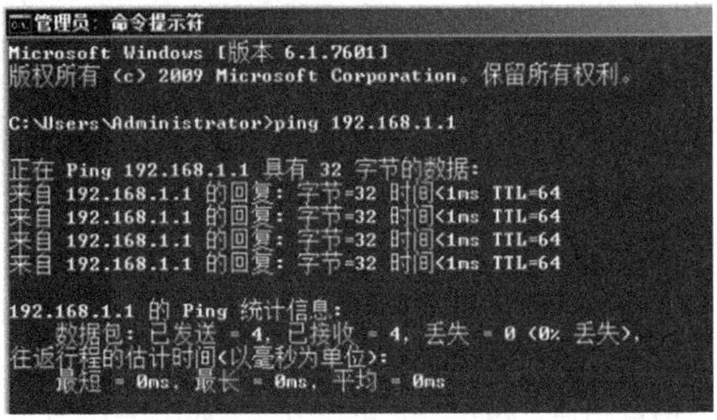

图 7-17　PC1 与 Router0 的连通情况

（5）设置 Telnet 登录

创建一个 admin 账户用于 Telnet 登录，在 PC0 的 SecureCRT 中执行代码 7-2 所示的命令。

代码　7-2

```
Ruijie#
Ruijie#configure terminal
Enter configuration commands, one per line.  End with CNTL/Z.
Ruijie(config)#username admin password 456   // 设置登录的用户名为 admin，密码为 456
Ruijie(config)#line vty 0 4        // 设置同时远程在线的虚拟终端数为 5，即编号为 0 到 4
Ruijie(config-line)#login
Login disabled on line 2, until 'password' is set.
Login disabled on line 3, until 'password' is set.
Login disabled on line 4, until 'password' is set.
Login disabled on line 5, until 'password' is set.
Login disabled on line 6, until 'password' is set.
Ruijie(config-line)#login local        // 启用该验证方式
Ruijie(config-line)#end
Ruijie#*Mar  5 15:53:28: %SYS-5-CONFIG_I: Configured from Console by Console

Ruijie#configure terminal
Enter configuration commands, one per line.  End with CNTL/Z.
Ruijie(config)#enable password 123          // 设置进入 enable 特权模式的密码为 123
```

也可以在 Line 线路配置模式下进行 Telnet 登录的其他设置，例如配置登录超时时间等，命令如代码 7-3 所示。

代码　7-3

```
Ruijie(config)#line vty 0 4
Ruijie(config-line)#exec-timeout 5 0         // 5 分钟后无操作，将因超时退出
Ruijie(config-line)#
```

（6）测试 Telnet 登录

在 PC1 的"命令提示符"中输入命令"telnet 192.168.1.1"，如图 7-18 所示，提示输入用户名 admin 和登录密码 456，即可登录 Router0。在进入特权模式时，需要输入密码 123。若 5 分钟内无操作，将因超时退出。

2. Packet Tracer 环境下的路由器配置

图 7-18　Telnet 登录

（1）构建网络拓扑结构

启动思科模拟器，从左下角的设备框中拖拽 1 台 1841 路由器、1 台 2950-24 交换机和 2 台主机到工作区。使用配置线将路由器的 Console 口与主机 PC0 的 RS 232 口相连，使用直通线将其他设备的以太网口相连，构建实验拓扑结构，如图 7-15 所示。特别要注意配置线的连接方式，否则无法进行路由器的配置操作。

（2）配置主机的 IP 信息

在工作区中，双击主机 PC1 的图标打开配置窗口，切换到"Desktop"选项卡，单击"IP Configuration"按钮，即可看到 PC1 的 IP 配置界面，如图 7-19 所示。

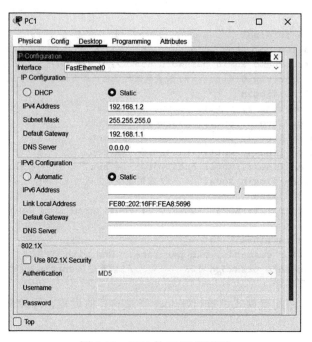

图 7-19　PC1 的 IP 配置页面

参照表 7-3 的内容，依次为主机 PC1 设置 IP 地址、子网掩码和网关。主机 PC0 使用配置线与路由器的 Console 口相连，因此不需要设置 IP 地址、子网掩码和网关。

表 7-3 网络拓扑中各设备的 IP 地址

设备	接口	IP 地址	子网掩码	默认网关
PC0	RS 232	N/A	N/A	N/A
PC1	Fa0	192.168.1.2	255.255.225.0	192.168.1.1

（3）路由器 Console 口配置

主机 PC0 使用配置线将其 RS 232 口与路由器的 Fa0/0 接口相连，并根据表 7-4 的内容为其设置 IP 信息。

表 7-4 网络拓扑中路由器的配置信息列表

设备	接口	IP 地址	子网掩码	默认网关
R0	Fa0/0	192.168.1.1	255.255.225.0	N/A

在工作区中，单击 PC0 图标打开配置窗口，切换到"Desktop"选项卡，单击"终端"按钮，就可以看到 PC0 的终端配置界面，如图 7-20 所示。

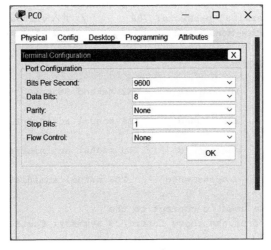

图 7-20 PC0 的终端配置页面

终端配置界面中各个选项的含义请参考第 1 章。单击"OK"按钮进入终端模式。如果是第一次使用路由器，会出现一个配置向导。如果输入"no"表示拒绝配置向导，然后通过命令行来配置路由器。如果输入"yes"则会进入配置向导，按照提示输入相关信息（粗体部分为需要输入的内容），如代码 7-4 所示。

代码 7-4

```
--- System Configuration Dialog ---

Would you like to enter the initial configuration dialog? [yes/no]: yes

At any point you may enter a question mark '?' for help.
Use ctrl-c to abort configuration dialog at any prompt.
Default settings are in square brackets '[]'.

Basic management setup configures only enough connectivity
```

for management of the system, extended setup will ask you
to configure each interface on the system

Would you like to enter basic management setup? [yes/no]: yes   // 进入引导配置
Configuring global parameters:

  Enter host name [Router]: Router   // 键入路由器名称

  The enable secret is a password used to protect access to
  privileged EXEC and configuration modes. This password, after
  entered, becomes encrypted in the configuration.
  Enter enable secret: 123   // 键入 secret 密码

  The enable password is used when you do not specify an
  enable secret password, with some older software versions, and
  some boot images.
  Enter enable password: 456   // 键入 enable 密码

  The virtual terminal password is used to protect
  access to the router over a network interface.
  Enter virtual terminal password: 789   // 键入 virtual terminal 密码
Configure SNMP Network Management? [no]:no   // 暂不配置 SNMP

  Current interface summary

  Interface   IP-Address   OK? Method Status   Protocol

  FastEthernet0/0   unassigned   YES manual administratively down down

  FastEthernet0/1   unassigned   YES manual administratively down down

  Vlan1   unassigned   YES manual administratively down down

**Enter interface name used to connect to the
management network from the above interface summary: FastEthernet0/0**
                                          // 选择一个接口进行管理

  Configuring interface FastEthernet0/0:
    Configure IP on this interface? [yes]: yes   // 是否配置选中接口的 IP 地址
      IP address for this interface: 192.168.1.1   // 配置选中接口的 IP 地址
      Subnet mask for this interface [255.255.255.0] : 255.255.255.0
                                          // 配置选中接口的子网掩码

The following configuration command script was created:
!
hostname Router
enable secret 5 1mERr$3HhIgMGBA/9qNmgzccuxv0
enable password 456
line vty 0 4
password 789
!
interface Vlan1
  shutdown
  no ip address
!

```
interface FastEthernet0/0
  no shutdown
  ip address 192.168.1.1 255.255.255.0
!
interface FastEthernet0/1
  shutdown
  no ip address
!
end


[0] Go to the IOS command prompt without saving this config.
[1] Return back to the setup without saving this config.
[2] Save this configuration to nvram and exit.

Enter your selection [2]: 2        // 确认上述配置信息，并保存退出


Press RETURN to get started!
```

若未进行引导配置，可通过命令行配置 Router0 的 IP 地址参见代码 7-5（加粗部分为输入的配置命令）：

代码　7-5

```
//Router0 的配置命令
Router>enable              // 进入特权模式
Router#configure terminal
Enter configuration commands, one per line.  End with CNTL/Z.
Router(config)#interface fastEthernet 0/0      // 设置 0 号端口
Router(config-if)#no shutdown           // 开启端口
%LINK-5-CHANGED: Interface FastEthernet0/0, changed state to up

%LINEPROTO-5-UPDOWN: Line protocol on Interface FastEthernet0/0, changed state to
    up

Router(config-if)#ip address 192.168.1.1 255.255.255.0          // 设置 IP 地址
Router(config-if)#end          // 返回特权模式
Router#
%SYS-5-CONFIG_I: Configured from Console by Console

Router#show interfaces fastEthernet 0/0          // 查看接口配置
FastEthernet0/0 is up, line protocol is up (connected)
    Hardware is Lance, address is 0090.0c0d.6701 (bia 0090.0c0d.6701)
    Internet address is 192.168.1.1/24          // 可以看到 IP 地址设置成功
    MTU 1500 bytes, BW 100000 Kbit, DLY 100 usec,
        reliability 255/255, txload 1/255, rxload 1/255
    Encapsulation ARPA, loopback not set
    ARP type: ARPA, ARP Timeout 04:00:00,
    Last input 00:00:08, output 00:00:05, output hang never
    Last clearing of "show interface" counters never
    Input queue: 0/75/0 (size/max/drops); Total output drops: 0
    Queueing strategy: fifo
    Output queue :0/40 (size/max)
    5 minute input rate 13 bits/sec, 0 packets/sec
    5 minute output rate 13 bits/sec, 0 packets/sec
```

```
4 packets input, 512 bytes, 0 no buffer
Received 0 broadcasts, 0 runts, 0 giants, 0 throttles
0 input errors, 0 CRC, 0 frame, 0 overrun, 0 ignored, 0 abort
0 input packets with dribble condition detected
4 packets output, 512 bytes, 0 underruns
0 output errors, 0 collisions, 1 interface resets
0 babbles, 0 late collision, 0 deferred
0 lost carrier, 0 no carrier
0 output buffer failures, 0 output buffers swapped out
```

（4）路由器连通性测试

为了检验主机 PC1 与 Router0 之间的网络连通性，我们可以在主机 PC1 上执行 ping 命令。首先，用鼠标左键单击主机 PC1 的图标，打开其配置界面。然后，单击"Desktop"选项卡下的"Command Prompt"按钮，进入命令行模式。接着，在命令行中输入"ping 192.168.1.1"并按回车键。如图 7-21 所示，主机 PC1 成功地收到了 Router0 的回应，说明两者之间的网络是连通的。

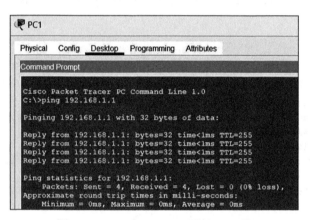

图 7-21　PC1 与 Router0 可以 ping 通

（5）Telnet 登录配置

为了使用 Telnet 协议远程登录路由器，需要在路由器上创建一个 admin 账户，并为其分配一个特权级别。在 Packet Tracer 中，路由器支持 16 个不同的特权级别（从 0 到 15），每个级别对应不同的命令权限。在 PC0 的终端窗口中输入命令，如代码 7-6 所示。

代码　7-6

```
Router#configure terminal
Enter configuration commands, one per line.  End with CNTL/Z.
Router(config)#username admin secret 0 456 // 创建用户 admin，登录密码为 456，特权级别为 0
Router(config)#line vty 0 4              // 允许最多 5 个虚拟终端同时远程登录
Router(config-line)#transport input telnet      // 使用 Telnet 登录
Router(config-line)#login local        // 使用本地认证
Router(config-line)#exec-timeout 5 0    // 登录超时时间为 5 分钟
Router(config-line)#exit
Router(config)#enable password 123          // 设置 enable 密码
Router(config)#
```

在完成 Telnet 登录的基本配置之后，还可以对其他参数进行调整，例如历史命令的缓存大小。代码 7-7 给出了一些相关的命令示例。

代码　7-7

```
Router(config)#exit
Router#
%SYS-5-CONFIG_I: Configured from Console by Console

Router#terminal history size 20        // 设置历史命令缓存数为 20 行
```

（6）Telnet 登录测试

在 PC1 的"Command Prompt"窗口中使用 Telnet 命令来远程登录 Router0。输入"Telnet 192.168.1.1"后，按照提示输入用户名 admin 和密码 456。图 7-22 展示了主机 PC1 成功地通过 Telnet 连接到 Router0 的过程。为了进入特权模式，还需要输入另一个密码 123。一旦登录到路由器，就可以像使用 Console 口一样对路由器进行各种配置操作。

图 7-22　PC1 通过 Telnet 登录 Router0

7.3.7　实验总结

本实验主要让学生掌握路由器的基本配置方法，这是学习路由器相关知识的基础。在实验中，需要注意路由器的命令是按照不同的模式进行分类的，每个模式下只能执行特定的命令，不能随意切换模式或混用命令。

7.3.8　思考与进阶

思考：show interface 和 show ip interface 两个命令有何区别？

进阶：在路由器中连接两个不同子网，然后通过静态路由表的配置，使两个子网的主机能够通信。

7.4　NAT 地址转换

7.4.1　实验背景

NAT（Network Address Translation，网络地址转换）是在 1994 年提出的网络技术，它可

以实现不同网络之间的地址映射。使用 NAT 技术，一个机构内的所有用户可以共享少量的公网 IP 地址，从而节省 Internet 上有限的 IP 地址资源；使用 NAT 技术，还可以保护私有网上主机的真实 IP 地址，从而提高内部网络（IPv4 网络）主机的安全性。

7.4.2　实验目标与应用场景

1. 实验目标

本实验的目标是让学生了解和掌握 NAT 的概念和配置方法。本实验使用 Packet Tracer 软件作为实验平台，模拟在一个局域网中的网关路由器上配置 NAT 的过程。通过本实验，学生应该掌握以下知识：

1）NAT 的工作原理。

2）NAT 的三种配置方法。

2. 拓展应用场景

为了支持 NAT 的功能，各厂商开发了多种 Internet 连接共享服务的产品，例如微软 Windows 自带的 ICS（Internet 连接共享）、Windows Server 系列的组件 RRAS（路由和远程访问服务）、微软企业级 NAT 防火墙 ISA 2000（Internet 安全和加速器）、知名软件 SyGate（网络共享软件）、号称"软网关"的 Winroute（网络路由软件）等。除了解决 IP 地址数量问题，NAT 还可以利用端口复用的方式，实现服务器间的负载均衡等应用。另一方面，为了克服 NAT 的限制，获取更多的网络资源，厂商们开发了 NAT 穿透软件。它们主要利用 STUN（Session Traversal Utilities for NAT）协议和 TURN(Traversal Using Relays around NAT) 协议，在应用层中修改私有地址，实现打洞技术，从而实现 NAT 后的主机之间的直接通信。

7.4.3　实验准备

为了完成本实验，学生需要预先掌握以下知识：

1）NAT 的原理。

2）如何通过内网的 IP 地址和外网的主机通信。

3）Packet Tracer 的使用方法。

4）三种不同的 NAT 配置方法。

5）路由器的配置命令。

7.4.4　实验平台与工具

1. 实验平台

Windows 11（使用任何可以安装 Cisco Packet Tracer 的平台均可以完成本实验）。

2. 实验工具

Packet Tracer 8.2.1。

7.4.5　实验原理

1. 基本概念

随着接入 Internet 的计算机数量不断增加，IP 地址资源，尤其是 IPv4 的地址，变得越来越短缺。为了满足大型局域网用户的网络需求，NAT 技术应运而生。NAT 技术可以在 IP 数据包通过路由器或防火墙时，修改源 IP 地址或目的 IP 地址，从而实现私有网和公网之间的通信。NAT 技术有三种实现方式，分别是静态转换（Static NAT）、动态转换（Dynamic NAT）和端口地址转换（Port Address Translation，PAT）。NAT 技术的优点是可以节省公网 IP 地址资源，提高网络安全性，缓解 IP 地址空间短缺的局面。NAT 技术的相关标准定义在 RFC2663 中。

IANA-Reserved IPv4 Prefix[⊖]，即 IANA 保留地址，是国际互联网代理成员管理局（IANA）在 IP 地址范围内，将一部分地址保留作为私人 IP 地址空间或者专门用于内部局域网等特殊用途使用的地址。保留地址主要包含以下四类：

- A 类：10.0.0.0 ～ 10.255.255.255。
- A 类：100.64.0.0 ～ 100.127.255.255。
- B 类：172.16.0.0 ～ 172.31.255.255。
- C 类：192.168.0.0 ～ 192.168.255.255。

在 NAT 的配置中，必须正确理解四个术语，它们是 Inside、Outside、Local 和 Global。

- Inside 是指内部网络，这些网络通常使用保留地址。保留地址不能直接在 Internet 上路由，也就不能直接用于对 Internet 的访问，必须通过 NAT 以合法 IP 身份来访问 Internet。前者是 Inside Local 地址，转换后就是 Inside Global 地址。
- Outside 是指除了考察的内部网络之外的所有网络，主要是指 Internet。
- Local 是指不能在 Internet 上面通信的地址。
- Global 是指能在 Internet 上通信的地址。

2. NAT 配置的常用命令

本实验过程中需要使用的 NAT 配置命令如表 7-5 所示。

表 7-5　NAT 配置命令

命令	说明
ip nat inside	定义接口为 NAT 内部接口
ip nat outside	定义接口为 NAT 外部接口
ip nat inside source static local-ip global-ip	定义静态源地址转换
debug ip nat	打开对 NAT 的监测
show ip nat statistic	查看 NAT 统计信息
show ip nat translations	查看 NAT 地址转换
ip nat pool name start-ip end-ip {netmask netmask | prefix-length prefix-length}	定义 NAT 地址池
ip nat inside source list access-list-number pool name	定义 NAT 动态转换

⊖　关于 IANA 保留地址的详细信息请参考 RFC 6598。

7.4.6 实验步骤

本实验通过在 Packet Tracer 中模拟配置 NAT 三种实现方式，让学生了解 NAT 的工作原理。实验步骤如下：

1）搭建实验环境。

2）NAT 配置。

- 静态 NAT 配置。
- 动态 NAT 配置。
- PAT 配置。

1. 搭建实验环境

启动 Packet Tracer 软件，从左下角的设备框中，拖拽 2 台 Router-PT 路由器、1 台 2960-24TT 交换机到工作区，路由器之间用 DEC 型串行线连接，主机与交换机、交换机与路由器之间用直连线连接，PC2 与 Router1 之间用交叉线连接。本实验的网络拓扑如图 7-23 所示。

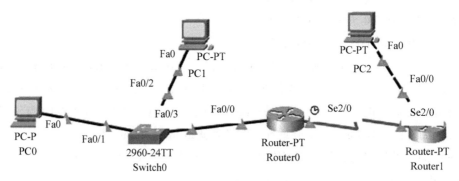

图 7-23   实验的网络拓扑

在网络拓扑图中，双击 PC0 主机图标，进入其配置页面，单击"桌面"选项卡下的"IP 配置"按钮，即可为 PC0 主机设置 IP 地址。双击 Router 路由器图标，进入其配置页面，选择"配置"选项卡，对 FastEthernet0/0 接口进行 IP 地址配置，同时确保该接口的端口状态为"开启"。各设备的 IP 地址配置信息如表 7-6 所示。

表 7-6   设备的 IP 地址配置信息

设备	接口	IP 地址	子网掩码	默认网关
PC0	Fa0	192.168.1.2	255.255.255.0	192.168.1.1
PC1	Fa0	192.168.1.3	255.255.255.0	192.168.1.1
PC2	Fa0	211.211.211.2	255.255.255.0	211.211.211.1
Router0	Fa0/0	192.168.1.1	255.255.255.0	N/A
	Se2/0	200.1.1.1	255.255.255.0	N/A
Router1	Fa0/0	211.211.211.1	255.255.255.0	N/A
	Se2/0	200.1.1.2	255.255.255.0	N/A

提示：路由器的串口需要设置 Clock Rate 为 64000，配置 Router0 的 Serial2/0 串口时需要将 Port Status 勾选为 "On"，方法如图 7-24 所示。Router1 Serial2/0 的设置方式类似。

广域网路由器之间要用 DTE 型串行线连接串行口（如果路由器没有串行口，需要安装 NM-4A/S 模块才能使用）。连接接口的选择可以灵活变化，但是要注意记录各设备之间的端口对应关系，在后续的配置中要根据实际的接口号进行修改。

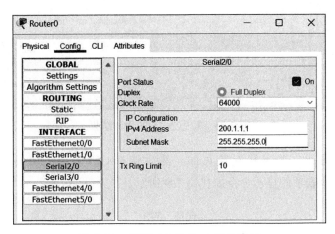

图 7-24　配置 R0 的 Serial2/0 串口

思考：这里配置的 Clock Rate 的作用是什么？

答：Clock Rate 是用于设置 DCE 设备的接口时钟速率，它可以为 DTE 设备提供时钟信号，实现数据传输的同步。连接 DTE 设备的接口不需要设置 Clock Rate。关于 DCE 和 DTE 设备的区别，可以参考相关的网络文档。

2. NAT 的配置

（1）配置静态 NAT

单击 Router0 图标，进入其配置页面。然后选择 CLI 面板，切换到全局配置模式。Router0 的静态 NAT 配置命令如代码 7-8 所示。

代码　7-8

```
Router(config)#ip route 0.0.0.0 0.0.0.0 200.1.1.2 1
Router(config)#interface fastEthernet0/0
// 将 Fa0/0 设置为 NAT 内部接口
Router(config-if)#ip nat inside
Router(config-if)#exit
Router(config)#interface se2/0
// 设置 Se2/0 串口为 NAT 外部接口
Router(config-if)#ip nat outside
Router(config-if)#exit
// 静态 NAT 将私有地址 192.168.1.2 的私有 IP 地址转换为公网 IP 地址 200.1.1.3
Router(config)#ip nat inside source static 192.168.1.2 200.1.1.3
// 静态 NAT 将私有地址 192.168.1.3 的私有 IP 地址转换为公网 IP 地址 200.1.1.4
Router(config)#ip nat inside source static 192.168.1.3 200.1.1.4
Router(config)#exit
```

在完成静态 NAT 的配置后,需要打开 PC0 的 Command Prompt 模拟界面,使用 ping 命令测试与地址 211.211.211.2 的网络连通性。测试结果如图 7-25 所示。

```
C:\>ping 211.211.211.2

Pinging 211.211.211.2 with 32 bytes of data:

Reply from 211.211.211.2: bytes=32 time=11ms TTL=126
Reply from 211.211.211.2: bytes=32 time=10ms TTL=126
Reply from 211.211.211.2: bytes=32 time=14ms TTL=126
Reply from 211.211.211.2: bytes=32 time=10ms TTL=126

Ping statistics for 211.211.211.2:
    Packets: Sent = 4, Received = 4, Lost = 0 (0% loss),
Approximate round trip times in milli-seconds:
    Minimum = 10ms, Maximum = 14ms, Average = 11ms
```

图 7-25　静态 NAT 的测试结果

单击 Router0 图标,进入其配置页面。然后选择 CLI 面板,切换到全局配置模式。Router0 的 NAT 转换表项的显示命令如代码 7-9 所示。

代码　7-9

```
Router>sh ip na translations
Pro  Inside global      Inside local       Outside local      Outside global
icmp 200.1.1.3:25       192.168.1.2:25     211.211.211.2:25   211.211.211.2:25
icmp 200.1.1.3:26       192.168.1.2:26     211.211.211.2:26   211.211.211.2:26
icmp 200.1.1.3:27       192.168.1.2:27     211.211.211.2:27   211.211.211.2:27
icmp 200.1.1.3:28       192.168.1.2:28     211.211.211.2:28   211.211.211.2:28
---  200.1.1.3          192.168.1.2        ---                ---
---  200.1.1.4          192.168.1.3        ---                ---
```

代码 7-9 的显示结果表明,主机 192.168.1.2 通过静态 NAT 分配的公网地址 200.1.1.3 与主机 211.211.211.2 成功建立了网络连接,说明静态 NAT 配置生效了。(注:ping 命令底层使用了 ICMP。)

(2)配置动态 NAT

为了配置动态 NAT,首先需要单击 Router0 图标,进入其配置页面。然后选择 CLI 面板,切换到全局配置模式。Router0 的动态 NAT 配置命令如代码 7-10 所示。

代码　7-10

```
Router(config)#no ip nat inside source static 192.168.1.2 200.1.1.3
Router(config)#no ip nat inside source static 192.168.1.3 200.1.1.4
// 清除静态 NAT 配置的信息
Router(config)#access-list 1 permit 192.168.1.0 0.0.0.255
// 使用 ACL 将私有网段 192.168.1.0 中需要转换的地址找出来
Router(config)#ip nat pool scu 200.1.1.1 200.1.1.1 netmask 255.255.255.0
Router(config)#ip nat inside source list 1 pool scu
// 建立一个名为 scu 的公有地址池,放一个或多个公有 IP 供私有 IP 转换,将通过 ACL 抓取出来的私有地址
   转换成地址池中的公有地址
```

在完成动态 NAT 的配置后,需要打开 PC0 的 Command Prompt 模拟界面,使用 ping 命

令测试与地址 211.211.211.2 的网络连通性。同时，也可以在 PC1 的 Command Prompt 模拟界面，使用相同的 ping 命令，观察网络连接的情况。测试结果如图 7-26 和图 7-27 所示。

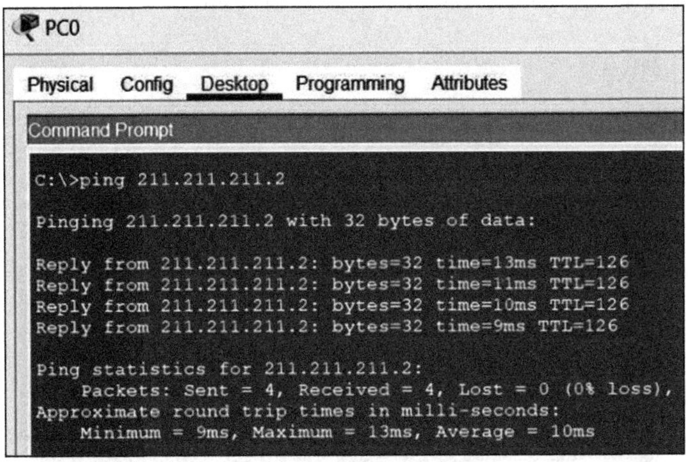

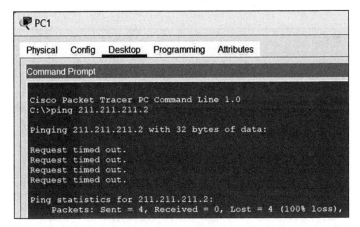

图 7-26　PC0 测试结果

图 7-27　PC1 测试结果

思考：在上述实验中，为什么 PC1 不能 ping 通 211.211.211.2 主机？

答：这是因为在设置公有 IP 地址池只有一个公有 IP 地址 200.1.1.1，当这个 IP 分给 PC0 时，PC1 再去 ping 就分配不到公有 IP，所以 ping 不通，要等待 PC0 释放公有 IP 后才能申请。

（3）配置 PAT

为了进行 PAT 配置，首先需要在动态 NAT 配置的基础上，单击 Router0 图标，进入其配置页面。然后选择 CLI 面板，切换到全局配置模式。Router0 的 PAT 配置命令如代码 7-11 所示。

代码　7-11

```
Router(config)#no ip nat inside source list 1
// 通过 no 命令删除原来的动态 NAT 配置
Router(config)#ip nat inside source list 1 pool scu overload
// 使用之前的公有 IP 池 scu 来完成端口多路复用
```

在完成 PAT 的配置后，需要打开 PC0 的 Command Prompt 模拟界面，使用 ping 命令测试与地址 211.211.211.2 的网络连通性。同时，也可以在 PC1 的 Command Prompt 模拟界面，使用相同的 ping 命令，观察网络连接的情况。测试结果如图 7-28 和图 7-29 所示。

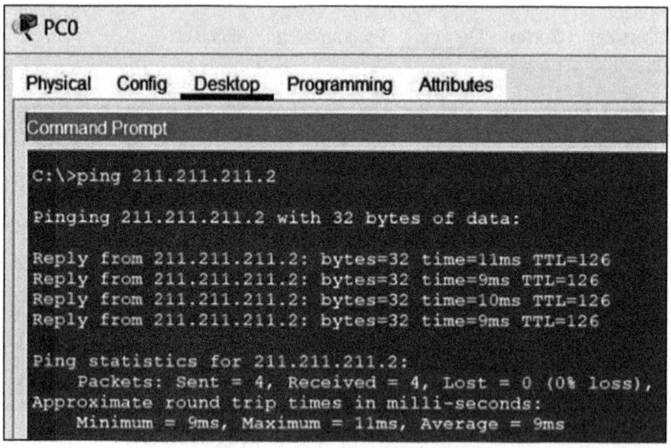

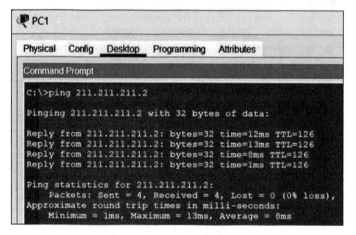

图 7-28　PC0 ping 程序结果

图 7-29　PC1 ping 程序结果

思考： 上述操作中，PC0 和 PC1 使用的 Inside global 地址是多少？

答： 在 Router0 中使用 sh ip nat tr 命令来查看 NAT 转换表项，如代码 7-12 所示。

代码　7-12

```
Router#sh ip nat tr
Pro  Inside global       Inside local         Outside local        Outside global
icmp 200.1.1.1:33        192.168.1.2:33       211.211.211.2:33     211.211.211.2:33
icmp 200.1.1.1:34        192.168.1.2:34       211.211.211.2:34     211.211.211.2:34
icmp 200.1.1.1:35        192.168.1.2:35       211.211.211.2:35     211.211.211.2:35
icmp 200.1.1.1:36        192.168.1.2:36       211.211.211.2:36     211.211.211.2:36
icmp 200.1.1.1:5         192.168.1.3:5        211.211.211.2:5      211.211.211.2:5
icmp 200.1.1.1:6         192.168.1.3:6        211.211.211.2:6      211.211.211.2:6
icmp 200.1.1.1:7         192.168.1.3:7        211.211.211.2:7      211.211.211.2:7
icmp 200.1.1.1:8         192.168.1.3:8        211.211.211.2:8      211.211.211.2:8
```

7.4.7　实验总结

本实验的重点在于理解 NAT 的三种实现方式。本节虽然实现了三种实现方式，但是 NAT 并不局限于这三种，它可以支持多种配置方式的组合。在实际的网络环境中，通常要根据需要采用多种配置方式的混合。

7.4.8　思考与进阶

思考： NAT 地址池中的 IP 地址是否必须是连续的地址？

进阶： 尝试同时配置防火墙和 NAT Server，并观察实验结果。注意防火墙对报文进行安全策略处理是发生在 NAT 转换前还是 NAT 转换后。

7.5　RIP、OSPF 路由协议分析

7.5.1　实验背景

路由技术是计算机网络技术的核心，它可以实现不同网络之间的数据转发和通信。随着计算机网络规模的不断扩大，大型互联网络迅猛发展，路由器已经成为最重要的网络设备。路由器的主要功能是根据路由协议选择最佳的路径，将数据包从源网络发送到目的网络。路由协议可以分为两类：一类是用于自治系统（Autonomous System）内部的路由协议，称为内部网关协议（Interior Gateway Protocol）；另一类是用于自治系统之间的路由协议，称为外部网关协议（Exterior Gateway Protocol）。目前，网络中常用的内部网关路由协议有：RIP-1、RIP-2、IGRP、EIGRP、IS-IS 和 OSPF。这些协议采用的路由算法可以分为两种：一种是基于距离向量（Distance Vector）的算法，例如 RIP-1、RIP-2、IGRP 和 EIGRP；另一种是基于链路状态（Link State）的算法，例如 IS-IS 和 OSPF。

7.5.2　实验目标与应用场景

1. 实验目标

本实验的目标是通过在 Packet Tracer 中配置 RIP 和 OSPF 路由协议，让学生掌握 RIP、OSPF 的工作原理。通过本实验，学生应该掌握以下知识点：

1）RIP 路由协议的工作原理及配置方法。

2）OSPF 路由协议的工作原理及配置方法。

2. 拓展应用场景

RIP（Route Information Protocol，路由信息协议）等基于距离向量算法的路由协议适用于小型网络，因为它们的配置和管理简单，且应用广泛。但是，当网络规模扩大时，RIP 就会面临一些问题，例如难以避免环路问题，带宽消耗过大，网络性能下降等。为了解决这些问题，OSPF（Open Shortest Path First, 开放最短路径优先）路由协议被提出，它基于链路状

态算法，可以有效地处理大型网络的路由选择，提高网络的可靠性和效率。因此，OSPF 路由协议变得越来越流行。

7.5.3　实验准备

为了完成本实验，学生需要预先掌握下面的知识：

1）链路状态选路算法和距离向量选路算法。

2）Packet Tracer 模拟器的使用。

3）路由器的各种操作模式。

7.5.4　实验平台与工具

1. 实验平台

Windows 11（使用任何可以安装 Cisco Packet Tracer 的平台均可以完成）。

2. 实验工具

Cisco Packet Tracer 8.2.1。

7.5.5　实验原理

1. RIP 简介

RIP 是一种应用最早、使用最广泛的内部网关协议，它适用于规模较小、结构较简单的网络。它是一种基于距离向量的路由协议。RIP 的路由选择标准是跳数（hop），即从源网络到目的网络经过的路由器数量，它的最大跳数限制为 15。RIP 在建立路由表时，会使用三种计时器来控制路由信息的更新和失效，这三种计时器分别是更新计时器、无效计时器和刷新计时器。RIP 的工作原理是，每台路由器会定期地向其相邻的路由器发送自己的路由表，路由表中包含该路由器所知道的每个网络或子网的地址，以及到达该网络或子网的跳数。

2. OSPF 协议简介

OSPF 路由协议是一种基于链路状态的路由协议，它通常用于同一个自治系统内部的路由选择。自治系统是指一组遵循相同的路由政策或路由协议，并互相交换路由信息的网络。在一个自治系统中，所有的 OSPF 路由器都维护一个描述该系统拓扑结构的数据库，该数据库中记录了各个链路的状态信息。OSPF 路由器就是根据这个数据库来计算自己的 OSPF 路由表的。与距离向量路由协议不同的是，OSPF 路由协议会将链路状态广播（Link State Advertisement，LSA）数据包发送给同一区域内的所有路由器，而不是仅仅将部分或全部的路由表发送给相邻的路由器。

7.5.6 实验步骤

本实验包括两个任务：RIP 路由协议的配置和 OSPF 路由协议的配置。实验步骤如下：

1）配置 RIP 路由协议。

- 构建网络拓扑结构。
- 配置主机的 IP 地址和网关。
- 路由器端口配置。
- 配置动态路由 RIP。

2）配置 OSPF 路由协议。

- 构建网络拓扑结构。
- 配置主机的 IP 地址和网关。
- 路由器端口配置。
- 配置动态路由 OSPF。

1. 配置 RIP 路由协议

（1）构建网络拓扑

在思科模拟器的左下角，有一个设备框，里面列出了各种可用的网络设备。我们从中选择 3 台 1841 型号的路由器、2 台 2950-24 型号的交换机以及 4 台主机。用鼠标拖拽这些设备到工作区，并用线缆连接它们。注意，路由器之间要用交叉线，其他设备之间要用直通线。连接好后，就得到了本实验的网络拓扑结构，如图 7-30 所示。

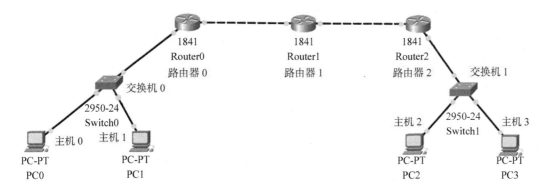

图 7-30 本实验的网络拓扑结构

（2）配置主机的 IP 地址和网关

在网络拓扑结构图上单击主机 PC1 的图标，进入其配置页面。在页面中，单击 "Desktop" 选项卡下的 "IP Configuration" 按钮，就可以看到 PC1 的 IP 配置界面，如图 7-31 所示。

按照表 7-7 所示，逐项配置各主机的 IP 地址、子网掩码和网关。

（3）路由器的端口配置

接下来，配置路由器各个接口的 IP 地址，R0、R1 和 R2 的各接口 IP 地址配置信息如表 7-8 所示。

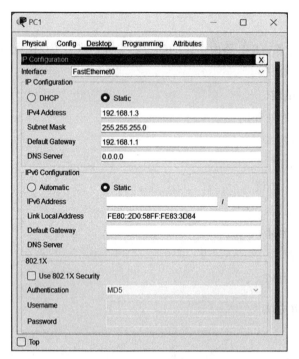

图 7-31   PC1 的 IP 配置页面

表 7-7   网络拓扑中各设备的 IP 地址

设备	接口	IP 地址	子网掩码	默认网关
PC0	Fa0	192.168.1.2	255.255.225.0	192.168.1.1
PC1	Fa0	192.168.1.3	255.255.225.0	192.168.1.1
PC2	Fa0	192.168.4.2	255.255.255.0	192.168.4.1
PC3	Fa0	192.168.4.3	255.255.255.0	192.168.4.1

表 7-8   网络拓扑中路由器各接口的配置信息

设备	接口	IP 地址	子网掩码	默认网关
R0	Fa0/0	192.168.1.1	255.255.225.0	N/A
	Fa0/1	192.168.2.1	255.255.255.0	N/A
R1	Fa0/0	192.168.2.2	255.255.255.0	N/A
	Fa0/1	192.168.3.1	255.255.255.0	N/A
R2	Fa0/0	192.168.3.2	255.255.255.0	N/A
	Fa0/1	192.168.4.1	255.255.255.0	N/A

在网络拓扑结构图上单击路由器 R0 的图标，打开其配置页面。在页面中，选择 CLI 选项卡，进入命令行界面。接下来，需要切换到全局配置模式，然后为路由器的每个接口分配 IP 地址。Router0 的配置命令如代码 7-13 所示（**粗体**部分为输入的命令）。

代码   7-13

```
//Router0 的配置命令
Router>enable            //进入特权模式
```

```
Router#configure terminal
Enter configuration commands, one per line. End with CNTL/Z.
// 设置 0 号端口
Router(config)#interface FastEthernet0/0
Router(config-if)#no shutdown          // 开启端口
Router(config-if)#
%LINK-5-CHANGED: Interface FastEthernet0/0, changed state to up
%LINEPROTO-5-UPDOWN: Line protocol on Interface FastEthernet0/0, changed state to
    up
Router(config-if)#ip address 192.168.1.1 255.255.255.0          // 设置 IP 地址
Router(config-if)#exit
// 设置 1 号端口
Router(config)#interface FastEthernet0/1
Router(config-if)#no shutdown
Router(config-if)#
%LINK-5-CHANGED: Interface FastEthernet0/1, changed state to up
%LINEPROTO-5-UPDOWN: Line protocol on Interface FastEthernet0/1, changed state to
    up
Router(config-if)#ip address 192.168.2.1 255.255.255.0
Router(config-if)#exit
```

Router1 的配置命令如代码 7-14 所示。

代码 7-14

```
//Router1 的配置命令
Router>enable
Router#configure terminal
Enter configuration commands, one per line. End with CNTL/Z.
// 设置 0 号端口
Router(config)#interface FastEthernet0/0
Router(config-if)#no shutdown
Router(config-if)#ip address 192.168.2.2 255.255.255.0
Router(config-if)#exit
// 设置 1 号端口
Router(config)#interface FastEthernet0/1
Router(config-if)#no shutdown
Router(config-if)#ip address 192.168.3.1 255.255.255.0
Router(config-if)#exit
```

Router2 的配置命令如代码 7-15 所示。

代码 7-15

```
//Router2 的配置命令
Router>enable
Router#configure terminal
Enter configuration commands, one per line. End with CNTL/Z.
// 设置 0 号端口
Router(config)#interface FastEthernet0/0
Router(config-if)#no shutdown
Router(config-if)#ip address 192.168.3.2 255.255.255.0
Router(config-if)#exit

// 设置 1 号端口
Router(config)#interface FastEthernet0/1
```

```
Router(config-if)#no shutdown
Router(config-if)#ip address 192.168.4.1 255.255.255.0
Router(config-if)#exit
```

路由器各个接口配置完成以后，各连接线会显示绿灯，表示所连端口已连通。单击主机 PC0 的图标，在弹出窗口的"Desktop"选项卡中单击"Command Prompt"按钮，在命令行中完成 PC0 对 PC1 的连通测试和 PC0 对 PC2 的连通测试。连通测试结果如图 7-32 所示，在图中 PC0 对 PC1 是能 ping 通的，但是 PC0 对 PC2 不能 ping 通，这是因为还没有进行动态路由 RIP 的配置。

提示：如果路由器之间的连线显示红灯，需要判断设备是否开机。

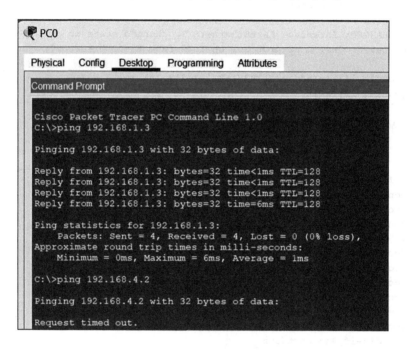

图 7-32　连通性测试结果

（4）配置动态路由 RIP

Router0 的配置命令如代码 7-16 所示。

代码　7-16

```
//Router0 的配置命令
Router>enable
Router#configure terminal
Enter configuration commands, one per line. End with CNTL/Z.
// 设置 RIP 动态路由
Router(config)#router rip
Router(config-router)#network 192.168.1.0
Router(config-router)#network 192.168.2.0
Router(config-router)#exit
```

Router1 的配置命令如代码 7-17 所示。

代码　7-17

```
//Router1 的配置命令
Router>enable
Router#configure terminal
Enter configuration commands, one per line. End with CNTL/Z.
// 设置 RIP 动态路由
Router(config)#router rip
Router(config-router)#network 192.168.2.0
Router(config-router)#network 192.168.3.0
Router(config-router)#exit
```

Router2 的配置命令如代码 7-18 所示。

代码　7-18

```
//Router2 的配置命令
Router>enable
Router#configure terminal
Enter configuration commands, one per line. End with CNTL/Z.
// 设置 RIP 动态路由
Router(config)#router rip
Router(config-router)#network 192.168.3.0
Router(config-router)#network 192.168.4.0
Router(config-router)#exit
```

路由器各个接口配置完成以后，各连接线显示绿灯，表示所连端口已连通。单击主机 PC0 的图标，在弹出窗口的 "Desktop" 选项卡中单击 "Command Prompt" 按钮，在命令行中完成 PC0 对 PC2 的连通测试和 PC0 对 PC3 的连通测试。连通测试结果如图 7-33 所示，因为进行了 RIP 的路由配置，所以不同网络的主机能够通过路由器连通。

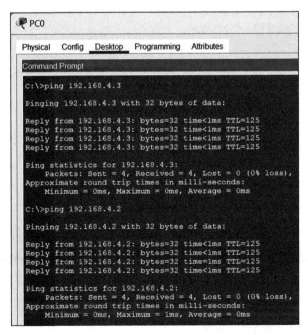

图 7-33　RIP 配置完成以后的连通性测试

2. 配置 OSPF 路由协议

OSPF 配置过程的前三步和 RIP 的配置过程相同。下面是配置动态路由 OSPF 的方法。
Router0 的配置命令如代码 7-19 所示。

代码　7-19

```
//Router0 的配置命令
Router>enable
Router#configure terminal
Enter configuration commands, one per line. End with CNTL/Z.
// 设置 OSPF 动态路由
Router(config)#router ospf 1
Router(config-router)#network 192.168.1.0 255.255.255.0 area 0
// 表示发布动态路由 ospf，进程为 1，区域为 0，网段是 192.168.1.0/24
Router(config-router)#network 192.168.2.0 255.255.255.0 area 0
Router(config-router)#exit
```

Router1 的配置命令如代码 7-20 所示。

代码　7-20

```
//Router1 的配置命令
Router>enable
Router#configure terminal
Enter configuration commands, one per line. End with CNTL/Z.
// 设置 OSPF 动态路由
Router(config)#router ospf 1
Router(config-router)#network 192.168.2.0 255.255.255.0 area 0
// 表示发布动态路由 SOPF，进程为 1，区域为 0，网段是 192.168.2.0/24
Router(config-router)#network 192.168.3.0 255.255.255.0 area 0
Router(config-router)#exit
```

Router2 的配置命令如代码 7-21 所示。

代码　7-21

```
//Router2 的配置命令
Router>enable
Router#configure terminal
Enter configuration commands, one per line. End with CNTL/Z.
// 设置 OSPF 动态路由
Router(config)#router ospf 1
Router(config-router)#network 192.168.3.0 255.255.255.0 area 0
Router(config-router)#network 192.168.4.0 255.255.255.0 area 0
Router(config-router)#exit
```

路由器的各个接口配置完毕后，连接线上的绿灯亮起，表示相应的端口已经连通。单击 PC0 的图标，在弹出窗口中选择 "Desktop" 选项卡，再单击 "Command Prompt" 按钮，进入命令行界面。在命令行中，分别执行 PC0 到 PC2 和 PC0 到 PC3 的连通性测试。

7.5.7　实验总结

本实验操作涉及多个路由器和命令行，学生需要适应和熟悉这些路由器和命令行。在使用命令行的时候，要注意区分不同的路由器和操作模式，以及正确配置每个设备或端口的 IP 地址和网关。通过本实验，学生应该学会路由器的不同操作模式，复习网络拓扑的子网划分，掌握 RIP 和 OSPF 两种动态路由协议的配置方法，了解路由器在不同网络连接中的作用和原理。

7.5.8　思考与进阶

思考：在实验中，配置完动态路由协议后，第一次使用 ping 命令测试连通性时，可能会遇到丢包和超时的现象；但是再次使用 ping 命令时，这种现象就消失了。请分析导致这种现象的原因。

进阶：在实验过程中，利用 Packet Tracer 软件的"实时／模拟"功能，观察 RIP 和 OSPF 两种动态路由协议的报文格式和内容，理解协议的工作原理和流程。

7.6　点对点 IPSec VPN 实验

7.6.1　实验背景

　　VPN（Virtual Private Network，虚拟专用网）是一种网络技术，它的最初目的是创建一个安全的网络环境。假设有一个在地理位置上分布广泛的组织，它默认是通过公共的 Internet 进行通信的。如果要在这个基础上保障通信的安全性，建立一个物理上完全隔离的网络显然是不现实的，这时候，VPN 技术就可以发挥作用。VPN 技术的特点是，它并不是建立一个物理上独立的网络，而是在公共网络上建立一个虚拟的专用网络，各个节点之间仍然通过公共网络来传输数据，但是，这个虚拟的专用网络对外部流量是不可见的，从而实现了通信的安全性。

7.6.2　实验目标与应用场景

1. 实验目标

　　本实验采用思科模拟器 Packet Tracer 作为实验平台，完成基本的点对点的 IPSec VPN 的部署过程。通过本实验，学生应该掌握以下知识点：

　　1）IPSec 协议的工作过程。

　　2）IPSec 与 IKE、VPN、DES、ACL 之间的关系。

2. 拓展应用场景

　　VPN 是一种网络技术，它可以创建一个安全的网络隧道，从而绕过防火墙的限制，访问被屏蔽的 IP 地址。要实现这个功能，需要配置路由表和 VPN 服务。路由表的作用是判断数据包是否需要进入 VPN 隧道。如果数据包的目的地址是被防火墙禁止访问的 IP 地址，那么数据包就会进入 VPN 隧道，也就是说，数据包会被加密，并添加一个 IPSec 协议的新 IP 头部。如果数据包的目的地址不是被防火墙禁止访问的 IP 地址，那么数据包就不会进入 VPN

隧道，而是按照正常的路由规则进行转发。这样，防火墙就无法识别和拦截经过 VPN 隧道的数据包。当数据包通过防火墙后，就会根据密钥解密，恢复原来的数据包，从而实现与目的地址的通信。

7.6.3 实验准备

为了完成本实验，学生需要预先掌握以下知识：

1）IPSec 的基本工作原理和 ACL 的基本概念。

2）Packet Tracer 模拟器的使用方法。

3）路由器配置的各种命令。

7.6.4 实验平台与工具

1. 实验平台

Windows 11（使用任何可以安装 Cisco Packet Tracer 的平台均可以完成）。

2. 实验工具

Packet Tracer 8.2.1。

7.6.5 实验原理

1. 基本概念

在了解 IPSec 协议的功能之前，我们先来考虑下面这个典型的 IP 报文，如图 7-34 所示。

IP 报文本身没有集成任何安全特性，也就是说，它的数据载荷对任何人来说都是明文。如果想要保护数据的机密性，不让数据载荷被窃听，一种常用的方法就是对数据载荷进行加密。这样，就可以得到如图 7-35 所示的加密后的报文。

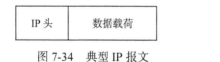

图 7-34 典型 IP 报文

图 7-35 加密数据的报文

如果想要进一步提高安全性，不仅要保护数据载荷，还要保护源 IP 和目的 IP，那么可以将 IP 头和数据载荷一起加密，如图 7-36 所示。

为了保证加密报文的完整性和真实性，防止攻击者篡改报文内容，造成接收者误解，就需要使用数字签名技术。数字签名技术是利用公钥密码学和哈希函数的组合，对数据进行特定的算法处理，生成一个"签名"（本质上是一串二进制数据），并附加在报文上。如果数据被篡改，报文的签名也会发生变化，从而被接收者发现。因此，数字签名可以有效地抵御篡改攻击。实现数字签名的算法有多种，一般被称为"摘要算法"或"签名算法"。使用签名算法后，就可以得到如图 7-37 所示的带有数字签名的报文。

加密报文（包括 IP 头）

图 7-36 加密数据和 IP 头的报文

加密报文（包括 IP 头）	数字签名

图 7-37 带有数字签名的报文

为了实现 IP 报文的安全传输，IPSec 协议对 IP 报文进行了加密和封装，使得原来的 IP 头部不再可见。但是，这样的 IP 数据报对于路由器来说是无法识别的，因此需要对数据报进行隧道封装，即在加密后的 IP 数据报前面添加一个新的 IP 头部。这个新的 IP 头部不能使用原来的 IP 头部的源 IP 和目的 IP，而应该使用两个需要通信的内网的网关路由器的出口 IP，将它们分别作为源 IP 和目的 IP，如图 7-38 所示。

图 7-38 最终的加密报文

这就是 IPSec 协议的基本工作原理。为了简化说明，这里省略了一些细节，因此图 7-38 展示的加密后的报文和实际的 IPSec 协议封装的报文有所差异，实际的 IPSec 报文通常更加复杂。IPSec 报文的类型根据是否需要保证数据的机密性和是否需要加密源 IP 而有所不同，但它们都遵循了上面介绍的基本思想和逻辑。

2. 配置过程

搭建 VPN 需要两端都支持 IPSec 协议的网关路由器。要启用 IPSec 协议，至少需要以下几部分：一种加密算法（以及相应的加密密钥）、一种签名算法（以及相应的鉴别密钥）、对端内网路由器的 IP 地址等。IPSec 协议利用 IKE 协议来自动完成这些任务。此外，还需要指定哪些 IP 数据报需要经过 IPSec 处理，即定义 IPSec 的 IP 地址范围。IPSec 的配置包括以下基本步骤：

- IKE 第一阶段：这个阶段的主要目的是协商建立一个预安全通道，用于后续的通信。涉及的算法有身份认证、密钥协商、预安全通道的加密和签名算法等。
- IKE 第二阶段：这个阶段的主要目的是定义封装 IPSec 数据包所用的算法和密钥，将它们封装在一种叫作 transform set 的数据结构中；然后将 transform set 和对端 IP、感兴趣流量等信息一起封装在称为 crypto map 的数据结构中。
- 将 crypto map 应用于发送方接口。

7.6.6 实验步骤

本实验利用 Packet Tracer 搭建网络环境，通过配置 VPN 实现主机之间的加密通信。实验步骤如下：

1）搭建网络拓扑结构。

2）配置路由。

3）配置 VPN。

- IKE 第一阶段。
- IKE 第二阶段。
- 定义感兴趣流量。
- 将 crypto map 应用于发送方接口。

4）测试。

1. 网络拓扑的搭建

使用思科模拟器，从左下角的设备框中，拖拽 2 台 1841 路由器和 2 台主机到工作区，用串口线连接两台路由器，用交叉线连接路由器和主机，构建本实验的网络拓扑，如图 7-39 所示。

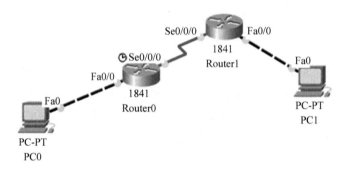

图 7-39　本实验的网络拓扑图

由于 1841 路由器不带串口，因此需要给 Router0 和 Router1 安装串口模块。打开 Router0 的 "Physical" 选项卡，先关闭路由器的电源开关，然后选择 "WIC-2T" 模块，拖拽到图 7-40 所示的其中一个黑色插槽上，最后打开路由器的电源开关。采用同样的步骤给 Router1 安装串口模块。

提示：进行此操作时，必须关闭路由器的开关以后才能完成。

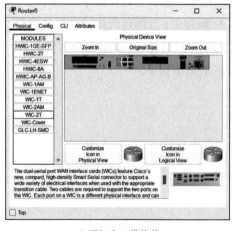
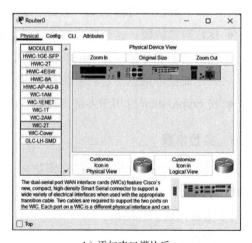

a）添加串口模块前　　　　　　　　　　　b）添加串口模块后

图 7-40　向路由器添加串口模块前后的配置图

按照表 7-9 所示，逐项配置各主机和路由器的 IP 地址、子网掩码和网关。

表 7-9 网络拓扑中各设备的配置

设备名	接口	IP 地址	子网掩码	默认网关
主机 0	Fa0	192.168.1.1	255.255.225.0	192.168.1.10
主机 1	Fa0	10.1.1.1	255.255.0.0	10.1.1.10
路由器 0	Fa0/0	192.168.1.10	255.255.225.0	N/A
	Se0/0/0	101.1.1.1	255.255.255.0	N/A
路由器 1	Fa0/0	10.1.1.10	255.255.0.0	N/A
	Se0/0/0	101.1.1.2	255.255.255.0	N/A

其中，192.168.1.0/24 网段和 10.1.1.0/16 网段分别为内网 1 和内网 2，101.1.1.0/24 网段为公网。本实验的目标是在内网 1 和内网 2 能够通过公网互相访问的前提下，建立一条安全的 VPN 隧道。根据网络拓扑图，配置好各个设备的 IP 地址，启用路由器的端口。

2. 配置路由

为了让内网 1 和内网 2 通过公网互联，需要给网关路由器 R0 和 R1 配置路由规则。R0 的路由规则是：所有目的地不在内网 1 的数据分组，都转发给 IP 地址为 101.1.1.2 的下一跳路由器；R1 的路由规则是：所有目的地不在内网 2 的数据分组，都转发给 IP 地址为 101.1.1.1 的下一跳路由器。Router0 的配置命令如代码 7-22 所示。

代码 7-22

```
Router0(config)#ip route 0.0.0.0 0.0.0.0 101.1.1.2   // 告诉 R0，所有数据分组的下一跳路
由地址为 101.1.1.2
```

Router1 的配置命令如代码 7-23 所示。

代码 7-23

```
Router1(config)#ip route 0.0.0.0 0.0.0.0 101.1.1.1   // 告诉 R1，所有数据分组的下一跳路
由地址为 101.1.1.1
```

路由器的路由规则配置完毕后，需要用 PC0 检测网络的连通性。在 PC0 的命令行界面，输入"ping 101.1.1.2"命令，可以看到如图 7-41 所示的结果。

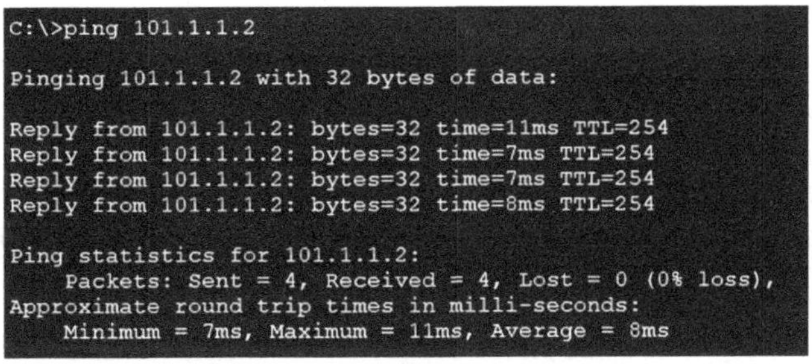

```
C:\>ping 101.1.1.2

Pinging 101.1.1.2 with 32 bytes of data:

Reply from 101.1.1.2: bytes=32 time=11ms TTL=254
Reply from 101.1.1.2: bytes=32 time=7ms TTL=254
Reply from 101.1.1.2: bytes=32 time=7ms TTL=254
Reply from 101.1.1.2: bytes=32 time=8ms TTL=254

Ping statistics for 101.1.1.2:
    Packets: Sent = 4, Received = 4, Lost = 0 (0% loss),
Approximate round trip times in milli-seconds:
    Minimum = 7ms, Maximum = 11ms, Average = 8ms
```

图 7-41 用 PC0 验证外网的连通性

然后用 PC0 ping 10.1.1.10，可以成功 ping 通内网 2，如图 7-42 所示。

```
C:\>ping 10.1.1.10

Pinging 10.1.1.10 with 32 bytes of data:

Reply from 10.1.1.10: bytes=32 time=10ms TTL=254
Reply from 10.1.1.10: bytes=32 time=17ms TTL=254
Reply from 10.1.1.10: bytes=32 time=7ms TTL=254
Reply from 10.1.1.10: bytes=32 time=11ms TTL=254

Ping statistics for 10.1.1.10:
    Packets: Sent = 4, Received = 4, Lost = 0 (0% loss),
Approximate round trip times in milli-seconds:
    Minimum = 7ms, Maximum = 17ms, Average = 11ms
```

图 7-42　用 PC0 验证外网中某台内网主机的连通性

接下来，需要配置 VPN 隧道，实现内网 1 和内网 2 在 VPN 隧道基础上的联络。

3. 配置 VPN 隧道

这里以 Router0 为例说明 VPN 的配置过程，Router1 的配置方法和 Router0 相同。

（1）IKE 第一阶段

为了建立安全的 VPN 隧道，需要使用 crypto isakmp policy 命令配置 IKE 协议的参数，包括身份认证方式、密钥协商算法、预安全通道的加密和签名算法等；然后，使用 crypto isakmp key 命令设置预共享密钥的值。在 Router0 上的配置如代码 7-24 所示。

代码　7-24

```
Router0(config)#crypto isakmp policy 10   //10 代表优先级
Router0(config-isakmp)#authentication pre-share   // authentication 命令用于指定认证
    方式，pre-share 指预共享密钥的身份认证方式○
Router0(config-isakmp)#hash md5   //定义签名算法◎
Router0(config-isakmp)#group 2   //密钥算法的分组参数：1、2、5
Router0(config-isakmp)#encryption 3des   //定义加密算法◎
Router0(config-isakmp)#exit
Router0(config)#crypto isakmp key aaa address 101.1.1.2   //定义预共享密钥中使用的密钥，
    为 aaa
```

（2）IKE 第二阶段

为了实现 IPSec 协议的安全通信，需要使用 crypto ipsec transform-set 命令创建转换集，指定数据分组的加密和认证算法。然后，使用 crypto map 命令创建加密映射，将转换集和目的地址等参数绑定在一起，如代码 7-25 所示。

代码　7-25

```
Router0(config)#crypto ipsec transform-set vpnSet esp-des esp-md5-hmac   //vpnSet
    为转换集的名字，esp 表示 ESP 协议
Router0(config)#crypto map vpnMap 10 ipsec-isakmp   //定义 crypto map 数据结构，
    vpnMap 为自定义的名称，10 表示优先级
Router0(config-crypto-map)#set peer 101.1.1.2   //设置接收方路由器 IP
Router0(config-crypto-map)#set transform-set vpnSet   //将转换集封装其中
```

○　其他认证方式还有 RSA-ENCR、RSA-SIG 等。
◎　签名算法主要包括 MD5、SHA。
◎　加密算法主要包括 DES、3DES、AES。

```
Router0(config-crypto-map)#match address 110   //110 为命名 ACL⊖
Router0(config-crypto-map)#exit
```

（3）定义感兴趣流量

定义感兴趣流量的方式如代码 7-26 所示。

代码　7-26

```
Router0(config)#ip access-list extended 110   // 定义 110 命名 ACL
Router0(config-ext-nacl)#permit ip 192.168.1.0 0.0.0.255 10.1.0.0 0.0.255.255
    // 定义 110 命名 ACL 的具体内容
Router0(config-ext-nacl)#exit
```

（4）将 crypto map 应用于发送方接口

将 crypto map 应用于发送方接口的方法如代码 7-27 所示。

代码　7-27

```
Router0(config)#int s0/0/0
Router0(config-if)#crypto map vpnMap   // 将定义好的加密图绑定到接口
Router0(config-if)#end
```

Router1 的配置和 Router0 的配置类似，如代码 7-28 所示。

代码　7-28

```
Router1(config)#crypto isakmp policy 10
Router1(config-isakmp)#authentication pre-share
Router1(config-isakmp)#hash md5
Router1(config-isakmp)#group 2
Router1(config-isakmp)#encryption 3des
Router1(config-isakmp)#exit
Router1(config)#crypto isakmp key aaa address 101.1.1.1
Router1(config)#crypto ipsec transform-set vpnSet esp-des esp-md5-hmac
Router1(config)#crypto map vpnMap 10 ipsec-isakmp
Router1(config-crypto-map)#set peer 101.1.1.1
Router1(config-crypto-map)#set transform-set vpnSet
Router1(config-crypto-map)#match address 110
Router1(config-crypto-map)#exit
Router1(config)#ip access-list extended 110
Router1(config-ext-nacl)#permit ip 10.1.0.0 0.0.255.255 192.168.1.0 0.0.0.255
Router1(config-ext-nacl)#exit
Router1(config)#int s0/0/0
Router1(config-if)#crypto map vpnMap
Router1(config-if)#end
```

4. 测试

在 PC0 的命令行界面执行 ping 命令：ping 10.1.1.10，如图 7-43 所示。

待其 ping 通后，再进入 Router0，使用 show crypto ipsec sa 命令查看刚刚发送的包是否

⊖　命名 ACL 是一种特殊的 ACL，具体内容请参见网络工程课程的相关教材。

加密。可以发现，发送的 3 个包成功加密，IPSec VPN 隧道搭建成功，如图 7-44 所示[⊖]。

```
C:\>ping 10.1.1.10

Pinging 10.1.1.10 with 32 bytes of data:

Request timed out.
Reply from 10.1.1.10: bytes=32 time=8ms TTL=254
Reply from 10.1.1.10: bytes=32 time=8ms TTL=254
Reply from 10.1.1.10: bytes=32 time=7ms TTL=254

Ping statistics for 10.1.1.10:
    Packets: Sent = 4, Received = 3, Lost = 1 (25% loss),
Approximate round trip times in milli-seconds:
    Minimum = 7ms, Maximum = 8ms, Average = 7ms
```

图 7-43　PC0 ping 10.1.1.10

```
Router#show crypto ipsec sa

interface: Serial0/0/0
    Crypto map tag: vpnMap, local addr 101.1.1.1

    protected vrf: (none)
    local  ident (addr/mask/prot/port): (192.168.1.0/255.255.255.0/0/0)
    remote  ident (addr/mask/prot/port): (10.1.0.0/255.255.0.0/0/0)
    current_peer 101.1.1.2 port 500
     PERMIT, flags={origin is acl,}
    #pkts encaps: 3, #pkts encrypt: 3, #pkts digest: 3
    #pkts decaps: 3, #pkts decrypt: 3, #pkts verify: 3
    #pkts compressed: 0, #pkts decompressed: 0
    #pkts not compressed: 0, #pkts compr. failed: 0
    #pkts not decompressed: 0, #pkts decompress failed: 0
    #send errors 1, #recv errors 0
```

图 7-44　测试 IPSec VPN 隧道是否成功建立

7.6.7　实验总结

实验结果显示，无论是否建立了 IPSec VPN 隧道，两个内网之间都可以互相 ping 通。但是，通过 show crypto ipsec sa 命令，可以发现，建立了 IPSec VPN 隧道之后，发送的分组都经过了加密处理，从原来的 IP 分组变成了 IPSec 分组。这样就可以有效地保障数据传输的安全性。

7.6.8　思考与进阶

思考：为什么在配置 IPSec 的过程中要设计数据结构 transform set 和 crypto map？只设置其中一个不行吗？

进阶：尝试同时建立 NAT 和 IPSec VPN 隧道，并观察实验结果。

⊖　encrypt 和 decrypt 的个数大于 0 说明隧道建立成功。

第 8 章
链路层实验

 　　链路层位于 TCP/IP 体系的第二层，它负责实现网络节点（node）之间的链路传输。TCP/IP 支持多种链路层协议，具体取决于网络所采用的硬件类型，例如以太网、令牌环网和 RS-232 串行线路等。

本章设计了 4 个链路层实验。其中，网线的制作虽然属于物理层的范畴，但由于它是链路层传输的基础，因此也包含在本章中。另外，ARP 是一种网络层协议，但它的功能是实现 IP 地址和物理地址之间的转换，所以也归入本章。网线制作是一种实物实验，教师可以根据实际情况进行安排。本章使用 Cisco 的 Packet Tracer 软件来模拟网络的组建和设备的配置，同时也能够观察数据包在局域网中的传输过程，这对于理解数据包在主机和交换机之间的传送方式非常有帮助。

8.1　双绞线的制作

8.1.1　实验背景

链路层的传输介质有多种类型，它们的特点和性能已在第 2 章中详细介绍过。双绞线是一种广泛使用的传输介质，它有不同的规格和标准，可以满足各种网络布线的需求。在实际应用中，有时需要根据现场的条件来定制线缆的长度和接口。非屏蔽双绞线水晶头接线是一种简单、常用的线缆制作方法。

8.1.2　实验目标与应用场景

1. 实验目标

本实验旨在让学生掌握非屏蔽双绞线的制作方法和工作原理，以及如何用超五类线和六类线这两种常用的线材制作网线。通过本实验，学生应该掌握以下知识点：

1）超五类线和六类线的性能特点和区分方法。

2）双绞线中直通连接和交叉连接的作用和区别，以及不同类型的网络设备之间的网线连接规则。

3）超五类线和六类线的制作步骤和检测方法。

2. 拓展应用场景

在计算机局域网的工程布线中，常用的三种传输介质是双绞线、同轴电缆和光纤。选择传输介质时，需要综合考虑各种因素。这三种介质的主要特性和比较如下：

- 传输距离：光纤的传输距离远远超过双绞线和同轴电缆。这是因为光纤使用光信号传输，而双绞线和同轴电缆使用电信号传输，后者会产生较大的信号衰减。双绞线的传输距离一般不超过 100 米，同轴电缆的传输距离一般不超过 500 米（具体取决于质量要求），光纤的传输距离可以达到数千米甚至数万米。在工程中，可以通过使用中继器和同轴放大器来增强双绞线和同轴电缆的信号。
- 传输速率：目前主流的光纤产品的传输速率可以达到 10Gb/s，基带同轴电缆在短距离内的传输速率可以达到 1~2Gb/s，六类双绞线的传输速率可以达到 1000Mb/s。
- 抗干扰性：光纤不受电磁干扰，因为它使用光信号传输。同轴电缆的抗干扰性较低，尤其是对低频电磁波的屏蔽效果差。双绞线的抗干扰性也不高，但可以通过增加屏蔽层、缩短绞距、减少连接头等措施来提高抗干扰性。
- 工程造价：光纤的造价最高，同轴电缆居中，双绞线最低。但随着光纤制造工艺的进步和光纤分布式数据接口技术的应用，光纤的成本逐渐降低，光纤局域网也越来越普及。
- 施工难度：双绞线在工程布线中使用最为简便。同轴电缆的硬度大，不易弯曲。光缆线对连接要求精密，需要反复测试。

同轴电缆曾经是总线型拓扑以太网的主要传输介质，但这种拓扑结构的缺点是，一旦同轴电缆发生故障，就会影响所有连接在上面的设备。在现代小型局域网设计中，总线型拓扑已经被星型拓扑所取代，双绞线成为局域网首选的传输介质。光纤则被广泛应用于高速、高容量的主干网络。

8.1.3　实验准备

本实验主要是让学生学会制作直通线和交叉线。这两种线的区别主要在于线序和测试的方法，其他方面基本相同。不同规格的双绞线，如超五类线和六类线，制作过程大致相同。唯一的区别是，在剥线时，六类线需要去除十字骨架；在选择水晶头时，要注意区分不同的类型。下面以六类双绞线为例进行说明，超五类双绞线的制作过程类似，不再赘述。为了完成本实验，学生需要预先掌握以下相关知识：

1）双绞线的种类及用途。
2）直通线和交叉线的区别。

8.1.4　实验工具

六类（或超五类）双绞线两段，RJ-45 水晶头若干，剥线 / 压线钳一个，测线仪一台。

8.1.5　实验原理

1. 双绞线的分类

双绞线是由八根绝缘铜线⊖组成的一种电缆线，这八根铜线按照一定的标准两两绞合，

⊖ 一些不良商家会在铜芯中加入铁来降低成本，虽然可以细心观察到优质铜芯呈现铜黄色、光泽良好，但是随着制作工艺的提高使得二者的区别并不明显。总体来说，加入铁金属的线缆重量会增加。

形成四对双绞线。双绞线的名称来源于它的绞合方式，这种方式可以增强网线的抗干扰性。

超五类线的标识是"CAT5E"，其内部有一根抗拉线，如图 8-1a 所示。六类线的标识是"CAT6"，它在超五类线的基础上增加了塑料的十字隔离架，将四对双绞线分别隔离在四个凹槽内，并加粗了线径，如图 8-1b 所示。对于部署千兆以太网来说，六类双绞线在带宽、串扰、回波损耗等方面都明显优于超五类双绞线。

a）超五类双绞线　　　　　　　　　　　　b）六类双绞线

图 8-1　超五类双绞线和六类双绞线

六类线的线径比超五类线更粗，因此六类线的水晶头也比超五类线的水晶头更大。超五类线的水晶头内的八根铜线平行排列，如图 8-2 左边所示。六类线的水晶头则采用分线模块的设计，使得八根铜线上下错位排列，如图 8-2 右边所示。这种错位排列方式可以有效减少电容的产生。

图 8-2　超五类和六类双绞线的水晶头对比图

2. 双绞线的排线标准

双绞线的八根铜线分别用八种不同颜色的绝缘膜包裹，它们的排列顺序有严格的国际标准：

- EIA/TIA568A 的标准线序：绿白→绿→橙白→蓝→蓝白→橙→棕白→棕
- EIA/TIA568B 的标准线序：橙白→橙→绿白→蓝→蓝白→绿→棕白→棕

直通线和交叉线是两种不同的双绞线连接方式，它们的区别在于两端的线序标准是否一致。直通线的两端都采用 EIA/TIA568A 或 EIA/TIA568B 标准，交叉线的一端采用 EIA/TIA568A 标准，另一端采用 EIA/TIA568B 标准。选择直通线还是交叉线要根据连接的设备类型而定。一般来说，相同类型的设备之间使用交叉线，例如主机与主机、路由器与路由器、交换机与交换机使用交叉线连接。不同类型的设备之间使用直通线，例如主机与交换机、交换机与路由器之间使用直通线连接。不过，为了方便用户，现在大多数交换机和路由器都支持自适应两种线序标准。

8.1.6　实验步骤

本实验要求制作直通线和交叉线，这两种线的区别主要体现在排线和测试的步骤上，其他方面都相同。以六类双绞线为例，实验步骤如下：

1）剥线。

2）排线。

3）压线。

4）测试。

1. 剥线

将双绞线放在剥线 / 压线钳的剥线刀片上，让刀片与线头顶端相距约 3 ～ 4cm；闭合剥线 / 压线钳，轻轻转动，去除双绞线的外层护套，如图 8-3 所示。

提示：剥线时千万不能把芯线剪破或剪断，否则会造成芯线之间短路或不通，也可能造成芯线之间相互干扰，导致通信质量下降。

剥线是指去除双绞线外层的护套，但要保留铜线的绝缘层。注意，不要损伤铜线。剥线后的双绞线如图 8-4 所示。

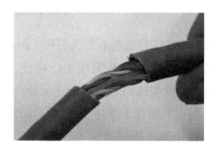

图 8-3　使用剥线 / 压线钳剥离双绞线的线皮　　　　图 8-4　剥线后的双绞线

2. 排线

为了方便排线，六类双绞线需要去除十字骨架（超五类双绞线只需去除抗拉线），如图 8-5 所示。

提示：五类线没有拉抗线和十字骨架，可以省略这个操作。

制作直通线时，水晶头两端都按照 EIA/TIA568B 标准的线序接线；制作交叉线时，水晶头一端按照 EIA/TIA568B 标准的线序接线，另一端按照 EIA/TIA568A 标准的线序接线。按照标准的线序将双绞线排列好，并将扭曲的线芯梳理整齐。图 8-6 展示了按照 EIA/TIA568B 标准排线的双绞线。

图 8-5　剪断十字骨架后的双绞线　　　　图 8-6　按照 EIA/TIA568B 标准排线的双绞线

3. 压线

将双绞线按照线序排列好，用剥线 / 压线钳的刀片将双绞线截齐，保留 1～2cm 的线头，如图 8-7 所示。

将双绞线按照线序排列好，平行地插入水晶头（注意要选择与双绞线规格相匹配的水晶头），如图 8-8 所示。在插入过程中，水晶头的卡口朝下，确保所有的线芯都紧贴水晶头的顶端，并且保持线序不变。在将双绞线插入水晶头之前，可以先套上水晶头保护套，如图 8-9 所示。

图 8-7　剪断双绞线的多余部分

图 8-8　将双绞线套入水晶头

将水晶头放入剥线 / 压线钳的压接口，用力闭合压线器，使水晶头牢牢地固定双绞线，如图 8-10 所示。当听到"咔"的一声时，表示水晶头内的金属片已经穿透铜线的绝缘层，实现了线芯和金属片的连接。

图 8-9　水晶头保护套

图 8-10　压制双绞线的水晶头

4. 测试

在双绞线的两端分别压制好水晶头后，将它们插入测线仪的两个接口，如图 8-11 所示。打开测线仪的电源，观察两端的 1～8 号信号灯的闪烁情况。正常情况下，直通线的两端信号灯会按照 1～8 的顺序同步闪烁。交叉线一端的信号灯会按照 1～8 的顺序闪烁，另一端会按照 3、6、1、4、5、2、7、8 的顺序闪烁。也就是说，交叉线的 1 号和 3 号、2 号和 6 号是交替闪烁的。比如，一端显示 1，另一端显示 3；一端显示 2，另一端显示 6。如果闪烁的顺序不正确，说明线序有误。如果有些信号灯不亮，可能是水晶头没有压接牢固。出现这些错误后，都需要截断水晶头部分，重新制作。

图 8-11　使用测线仪测试双绞线

8.1.7 实验总结

制作双绞线的水晶头时，可以在排线前用手轻轻拉动线头部分，使铜线更柔顺、平直，便于将线排列得更规整，提高成功率。在实验过程中，压线是最容易出错的步骤，压线时要保证线序不乱，同时要适当用力。用力太轻会使水晶头的金属片无法穿透铜线的绝缘层，用力太重会导致水晶头变形。

8.1.8 思考与进阶

思考： 测线仪信号灯的闪烁顺序和什么有关系？

进阶： 有些测线仪带有寻线的功能（通常标记为 scan）。使用时，将双绞线的一端插入信号发射端，当接收端靠近这根网线的另一端时会发出蜂鸣。请利用寻线仪找到同一根双绞线的两端，并思考如果寻线过程跨越配线架能否成功？如果寻线过程跨越交换机能否成功？

8.2 ARP 协议分析

8.2.1 实验背景

地址解析协议（Address Resolution Protocol，ARP）是一种根据 IP 地址查询物理地址的协议。在以太网中，数据帧的传输需要目的主机的物理地址，即 48 位的 MAC 地址（Media Access Control Address，媒体存取控制地址）。为了实现 IP 地址和 MAC 地址之间的映射，就需要一种协议来完成这个过程。

8.2.2 实验目标与应用场景

1. 实验目标

本实验使用 Cisco Packet Tracer 作为实验平台，模拟 ARP 在网络中的工作过程和分组的转发情况。通过本实验，学生应该掌握以下知识点：

1）ARP 的工作原理，即如何通过 IP 地址获取 MAC 地址。

2）ARP 的工作流程，即如何发送和接收 ARP 请求与应答报文。

3）ARP 表的缓存机制，即如何在 PC 和路由器、交换机中存储、更新 IP 地址与 MAC 地址的对应关系。

2. 拓展应用场景

ARP 的工作原理是，当主机需要知道目的 IP 地址对应的 MAC 地址时，首先会在自己的 ARP 缓存表中查找，如果没有找到，就会向局域网中的所有设备发送 ARP 请求报文，询问谁拥有目的 IP 地址，并等待 ARP 应答报文的到来。然后，根据应答报文更新自己的 ARP 缓存表。在这个过程中，攻击者可以利用 ARP 的缺陷，伪造 ARP 应答报文，将自己的

MAC 地址与目的 IP 地址绑定,从而实施 ARP 欺骗。

ARP 欺骗有两种常见的方式,一种是针对路由器的 ARP 缓存表欺骗,另一种是针对内网主机的网关欺骗。前者是指攻击者向路由器发送大量伪造的 ARP 应答报文,使路由器的 ARP 缓存表中存储错误的 MAC 地址,从而导致路由器无法将数据包正确地转发给目的主机。后者是指攻击者向内网的其他主机发送伪造的 ARP 应答报文,将自己的 MAC 地址与内网网关的 IP 地址关联起来,使得这些主机将数据包发送给攻击者,而不是真正的网关,从而实现中间人攻击。由于 ARP 本身没有安全机制,因此防止 ARP 欺骗并不容易。目前,有效的防范措施包括使用静态 ARP 绑定、定期清除 ARP 缓存表、使用 ARP 防火墙或者 ARP 防护软件等。

8.2.3 实验准备

为了完成本实验,学生需要预先掌握以下知识:

1)ARP 报文各个字段的含义。

2)Packet Tracer 模拟器的使用。

8.2.4 实验平台与工具

1. 实验平台

Windows 11(使用任何可以安装 Packet Tracer 的平台均可以完成)。

2. 实验工具

Packet Tracer 8.2.1。

8.2.5 实验原理

实验过程中会用到以下 ARP 命令[⊖]:

- arp –a:显示主机当前的 ARP 缓存表。
- arp –d:清空主机当前的 ARP 缓存表。

8.2.6 实验步骤

本实验通过在模拟器中构建网络,让学生掌握 ARP 在同一网络和不同网络中的工作原理和过程。实验步骤如下:

1)构建网络拓扑结构。

2)了解在同一局域网内部 ARP 的工作情况。

- 发送数据包之前查看各设备的 ARP 缓存表。
- 发送数据包之后查看各设备的 ARP 缓存表。

⊖ 在真实的 PC 命令行环境下,还有 arp –s 命令可用于增加 ARP 表项。除此之外,arp 命令的用法和思科模拟器中也有不同,具体可以在 DOS 环境下运行"arp"命令查看。

- 再次发送数据包，观察数据包的捕获情况。

3）了解在不同局域网中 ARP 的工作情况。

1. 网络拓扑的搭建

启动思科模拟器，从设备栏的左下角拖拽 1 台 1841 路由器、2 台 2950-24 交换机和 3 台 PC-PT 主机到工作区，用直连线工具将它们连接起来，按照图 8-12 所示的网络拓扑图进行配置。

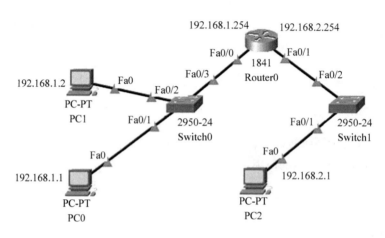

图 8-12　本实验的网络拓扑图

在网络拓扑图中，双击主机 PC0 的图标，打开其配置界面，单击"桌面"选项卡中的"IP 配置"按钮，就可以进入 PC0 的 IP 地址配置页面，如图 8-13 所示。

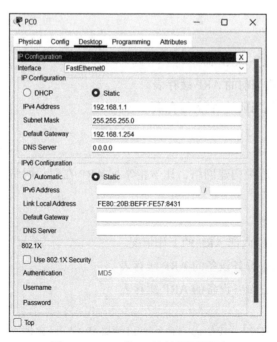

图 8-13　PC0 的 IP 地址配置页面

按照表 8-1 所示，逐项配置各设备的 IP 地址、子网掩码和网关。路由器的配置方法参见 7.5 节。

表 8-1　网络拓扑中各设备的配置

设备	接口	IP 地址	子网掩码	默认网关
主机 0	Fa0	192.168.1.1	255.255.225.0	192.168.1.254
主机 1	Fa0	192.168.1.2	255.255.225.0	192.168.1.264
主机 2	Fa0	192.168.2.1	255.255.255.0	192.168.2.254
路由器 0	Fa0/0	192.168.1.254	255.255.225.0	N/A
	Fa0/1	192.168.2.254	255.255.255.0	N/A

按照网络拓扑图所示设置好各个设备，将路由器的端口设为开启状态[⊖]。

2．在同一局域网内部 ARP 的工作情况

（1）发送数据包之前查看各设备的 ARP 缓存表

为了观察 ARP 的工作过程，首先要查看主机的 ARP 缓存表，它保存了 IP 地址和 MAC 地址的映射关系。在网络拓扑图中，双击 PC0 的主机图标，进入其配置界面，单击"桌面"选项卡中的"命令提示符"按钮，弹出命令行窗口，在其中键入"arp -a"命令，就可以显示 PC0 的 ARP 缓存表，如图 8-14 所示。使用同样的步骤，我们还可以查看 PC1 和 PC2 的 ARP 缓存表。

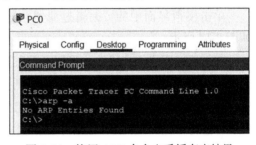

图 8-14　使用 ARP 命令查看缓存表结果

接下来，我们要观察交换机的交换表，它记录了交换机端口和 MAC 地址的对应关系。用鼠标左键单击模拟器主界面右端的" 🔍 "（inspect）图标，然后用鼠标左键单击 Switch0 的交换机图标，在弹出的窗口中，选择"MAC table"选项，就可以看到 Switch0 的交换表，如图 8-15 所示。采用同样的方法，我们也可以查看 Switch1 的交换表。

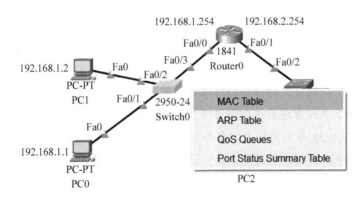

图 8-15　查看交换机的 ARP 缓存表

⊖ 设置端口和 IP 的方法详见工具篇。

最后，我们要查看路由器的 ARP 缓存表，它保存了路由器接口和 MAC 地址的映射关系。在网络拓扑图中，双击 Router0 的路由器图标，进入其命令行界面，键入"enable"命令，切换到特权模式，再键入"show arp"命令，就可以显示 Router0 的 ARP 缓存表，如图 8-16 所示。

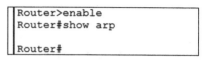

```
Router>enable
Router#show arp

Router#
```

图 8-16　在路由器中查看 ARP 缓存表

（2）发送数据包后，查看各设备的 ARP 缓存表

首先找到模拟器主界面右下角的"实时/模拟"图标 ⏺Realtime 👤Simulation，单击"实时"图标旁边的"模拟"图标，从而让网络拓扑进入模拟状态。

提示：思科模拟器的模拟状态可以从时间的微观维度上观察一个分组的转发情况。刚进入模拟状态时，网络拓扑的时间点变为静止状态，单击界面右侧的"自动捕获/播放"图标可以使网络拓扑进入工作状态（时间重新变为活动状态），单击"捕获/转发"图标可使时间点直接跳到下一个转发事件（时间点仍为静止状态），单击"重置模拟"图标可使时间点进入初始状态（最开始的静止点）。

单击模拟界面中的"编辑过滤器" Edit Filters 按钮，只勾选 ARP、ICMP 选项，如图 8-17 所示。

为了测试网络的连通性，我们可以在 PC0 的命令行模式下，使用 ping 192.168.1.2 命令，向 PC2 发送 ICMP 请求报文。在模拟器的工作区，我们可以观察并查看数据包的传输过程和细节（单击数据包图标即可查看数据分组的内容；单击"捕获/转发" ▶ 按钮，数据包会按照步骤进行传送）。图 8-18 展示了数据包从 PC0 经过交换机到达 PC2 的情况。

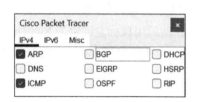

图 8-17　编辑过滤器界面

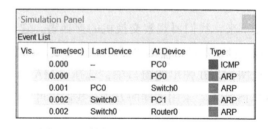

图 8-18　数据发送过程中的事件列表

想一想

完成实验以后，回答下列问题：

1）在没有进行任何网络通信之前，PC0 的 ARP 缓存表是空的吗？为什么？

2）在没有进行任何网络通信之前，Switch0 的 MAC 地址表中有哪些条目？

3）当 PC0 发送 ping 命令后，它需要等待一段时间才能收到回应，这期间它发送了哪些协议的数据包？这些数据包的作用是什么？这些数据包中的 MAC 地址信息分别是什么？这些数据包是 PC0 发送的还是接收的？

4）当 PC0 发送的第一个 ICMP 请求报文到达 Switch0 时，Switch0 的 MAC 地址表发生了什么变化？

5）当 Switch0 将 PC0 发送的第一个 ICMP 请求报文广播到 PC1 和 Router0 时，PC1

和 Router0 的 ARP 缓存表发生了什么变化？ PC1 收到的数据包中的 MAC 地址信息有什么不同？

（3）再次发送 ping 命令，查看各设备的 ARP 缓存表

执行完成 ping 命令以后，再次打开模拟界面，重复上述步骤，观察事件列表中的事件信息。

观察捕获的数据，并回答下面问题：
在事件列表中，第一次捕获的事件和第二次捕获的事件有什么差异？

3. 在不同局域网中 ARP 的工作情况

为了检验不同网络之间的连通性，我们可以在 PC0 的命令行窗口下，使用 ping 192.168.2.1 命令，向 Router0 的另一个接口发送 ICMP 请求报文。在模拟器的工作区，我们可以观察并查看数据包的传输过程和细节，以及 ARP 的报文格式和内容。同时，我们也可以注意到 PC0、Switch0、Switch1 和 Router0 的 ARP 缓存表和 MAC 地址表的变化情况（注意，在没有进行任何网络通信之前，PC0 的 ARP 缓存表是空的）。

回答下面的问题：
ping 命令的执行情况有何变化？

8.2.7　实验总结

本实验希望通过以下四个方面，让学生深入理解 ARP 的工作原理和过程：

1）在同一局域网内，当 ARP 高速缓存表中没有目的主机的 IP 地址和 MAC 地址的映射关系时，使用 ping 命令测试连通性，需要发送 ARP 请求报文和 ICMP 请求报文，通过 ARP 请求报文获取目的主机的 MAC 地址。

2）在同一局域网内，当 ARP 高速缓存表中已经存在目的主机的 IP 地址和 MAC 地址的映射关系时，使用 ping 命令测试连通性，只需要发送 ICMP 请求报文，无须再发送 ARP 请求报文。

3）在同一局域网内，当 ARP 高速缓存表被清空时，使用 ping 命令测试连通性，需要重新发送 ARP 请求报文和 ICMP 请求报文，重新获取目的主机的 MAC 地址。

4）在不同局域网之间，使用 ping 命令测试连通性，需要发送 ARP 请求报文和 ICMP 请求报文，但是 ARP 请求报文的目的是获取默认网关的 MAC 地址，而不是目的主机的 MAC 地址，因为数据包需要经过路由器转发。

8.2.8　思考与进阶

思考：在 ARP 工作的过程中，对于一个网关路由器，什么时候会丢包？ 什么时候会刷新自己的 ARP 缓存？

进阶：尝试在建立了 NAT 的网络拓扑中观察 ARP 的工作情况，并分析实验结果。

8.3 跨交换机划分 VLAN

8.3.1 实验背景

交换机是构建网络的基本设备之一。它与路由器的区别在于，交换机只能在同一网络内转发数据包，而不能在不同网络之间路由数据包。但是，为了提高大型局域网的性能和安全性，三层交换机不仅具有交换功能，还具有路由功能。三层交换机的一个重要特点是能够划分 VLAN。VLAN 是一种将物理网络按照逻辑划分为多个子网的技术。常用的划分 VLAN 的方法有两种，一种是基于 IP 地址的划分，另一种是基于端口的划分。根据不同的网络需求，可以选择合适的划分方法。

8.3.2 实验目标与应用场景

1. 实验目标

本实验提供两种实验环境，一种是使用真实的交换机设备，另一种是使用思科模拟器软件。读者可以根据自己的实际情况和偏好选择合适的实验环境。本实验在多个交换机之间划分 VLAN，通过本实验，学生应该掌握如下知识点：

1）交换机的不同工作模式及其特点。

2）交换机常用的配置命令。

3）端口划分 VLAN 的步骤和原理。

2. 拓展应用场景

二层交换机和三层交换机都可以通过支持 802.1q 协议来实现 VLAN 划分。但是，二层交换机只是数据链路层的设备，它只根据 MAC 地址表来转发数据包，不涉及网络层的 IP 信息。因此，二层交换机上的 VLAN 只能在同一 VLAN 内部通信，不能跨越 VLAN 进行通信。三层交换机则同时具有二层交换技术和三层路由技术，可以实现一次路由多次转发的功能。二层交换技术是由硬件高速完成的，三层路由技术则是由 CPU 的路由进程处理的，所以在大型网络中划分了多个小型局域网时，使用二层交换机不能实现互联网访问，使用路由器不能实现快速转发，因此使用三层交换机是最佳选择。但是，当局域网内的数据交换任务较重时，采用二层交换机和路由器的组合可以充分利用各自的优势。

8.3.3 实验准备

本实验在实物交换机和思科模拟器两种实验环境下分别进行。为了完成本实验，学生需要掌握下面的知识：

1）实物交换机的连接方式，详见第 2 章。

2）思科模拟器的基本使用方法，详见第 4 章。

3）交换机与路由器的区别。

8.3.4　实验平台与工具

1．实验平台

1）实物环境：Windows Server 2008 R2。

2）Packet Tracer 环境：Windows 11（使用任何可以安装 Cisco Packet Tracer 的平台均可以完成）。

2．实验工具

1）实物交换机实验：锐捷三层交换机一台、锐捷二层交换机一台、主机三台、网线若干条。

提示：交换机可以选用华为、锐捷、H3C、D-Link、思科等。各个品牌之间的命令略有不同，但操作步骤基本一致。必要时可以参阅产品的使用手册，其中有详细的使用说明。

2）思科模拟器实验：Cisco Packet Tracer 8.2.1。

8.3.5　实验原理

1．交换机的不同模式

与路由器类似，交换机的模式也分为四种：用户模式、特权模式、全局模式和端口配置模式。这四种模式的关系如图 8-19 所示。

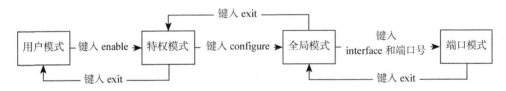

图 8-19　交换机四种模式的关系

1）**用户模式**：进入交换机后的初始模式，提示符为"＞"。在该模式下可以查看交换机的版本信息和测试网络的连通性。

2）**特权模式**：在用户模式下输入 enable 命令进入，提示符为"＃"。在该模式下可以管理交换机的配置文件和查看交换机的运行状态。

3）**全局模式**：在特权模式下输入 configure terminal 命令进入，提示符为"（config)#"。在该模式下可以配置交换机全局参数，如主机名和访问密码等。

4）**端口模式**：在全局模式下输入 interface 命令进入，提示符为"（config-if)#"。在该模式下可以配置交换机的端口参数，如速率和双工模式等。

2．VLAN 的划分

VLAN 是一种根据逻辑需求而不是物理位置来划分网络的技术，它可以让多个交换机之间的端口实现逻辑上的互联或隔离。通常，二层交换机可以支持 VLAN 的划分，但是由于二层交换机只工作在数据链路层，它没有路由功能，因此它只能实现同一 VLAN 内部的通信，而不能实现不同 VLAN 之间的通信。VLAN 是一种逻辑上的 LAN，要想让不同 VLAN 之间能够互通，就必须使用三层交换机。在使用三层交换机划分 VLAN 后，数据包要经历转发流程，下面来详细介绍。

（1）源主机和目的主机在同一个 VLAN

交换机根据端口或 IP 地址来判断源主机和目的主机是否属于同一个 VLAN。如果它们在同一个 VLAN 内，三层交换机只在二层模式下工作，即根据 MAC 地址进行寻址和转发。例如，当主机 A 向同一 VLAN 的主机 B 发送数据时，数据分组的转发流程如图 8-20 所示。

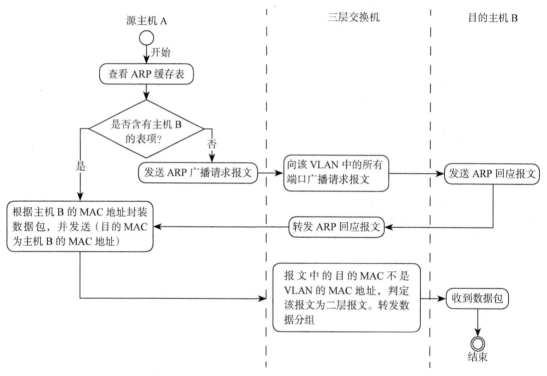

图 8-20   向同一 VLAN 的主机发送数据时，数据分组的转发流程

（2）源主机和目的主机在不同的 VLAN

当三层交换机发现源主机和目的主机属于不同的 VLAN 时，它会先在 ASIC 芯片中的硬件转发表里查找目的主机的信息。硬件转发表里存储了目的 IP、MAC 地址和交换机端口号等映射关系。如果硬件转发表里有匹配的记录，那么交换机就直接将数据包转发到相应的端口，此时交换机只在二层模式下工作，即根据 MAC 地址进行寻址和转发。如果硬件转发表里没有匹配的记录，那么交换机就需要在路由表里查找 VLAN 对应的地址，并将其更新到硬件转发表里。此时，交换机在三层模式下工作，即根据 IP 地址进行寻址和转发。由于硬件转发表已经更新，那么下次遇到同样的地址转发时，交换机就不用再查询路由表，而是直接转发数据包。这就是三层交换机经常被称为"一次路由多次转发"的特性。例如，当主机 A 向不同 VLAN 的主机 C 发送数据时，数据包的转发流程如图 8-21 所示。

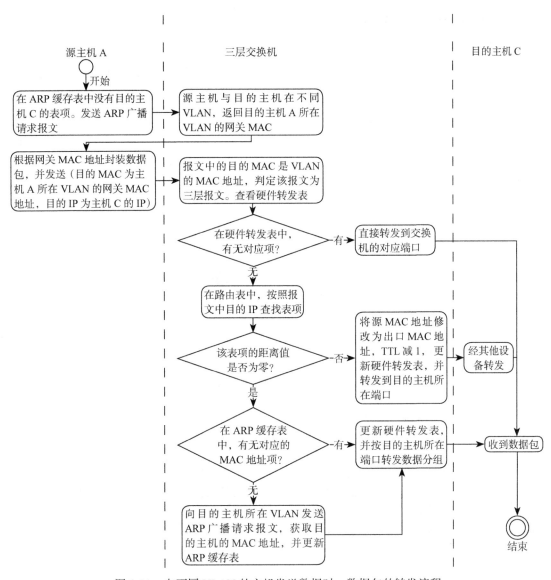

图 8-21 向不同 VLAN 的主机发送数据时，数据包的转发流程

8.3.6 实验步骤

本实验步骤包括两个部分，分别在实物交换机和思科模拟器上实现 VLAN 划分，并进行验证。在实物交换机及 Packet Tracer 环境下的配置步骤如下：

1）构建网络拓扑结构。

2）配置主机的信息。

3）配置两台交换机的主机名。

4）划分 VLAN。

5）测试 VLAN。

1. 在实物交换机上配置 VLAN

（1）按照网络拓扑连线

本实验的网络拓扑如图 8-22 所示，其中 Switch0 是三层交换机，Switch1 是二层交换机。PC0 和 PC2 属于 VLAN 10，PC1 属于 VLAN 20，这样就实现了 PC0 和 PC2 之间的逻辑连接，以及 PC1 和其他两台主机之间的逻辑隔离。需要注意的是，Switch0 和 Switch1 之间使用的是交叉线。不过，由于现在大多数交换机都支持端口自适应，所以对于这些交换机，也可以使用直连线。在本实验中，三层交换机的型号是 RG-S3760E-24，二层交换机的型号是 RG-S2928G-E。

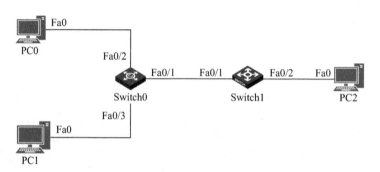

图 8-22　实验的网络拓扑结构

网络拓扑中各个设备的配置如表 8-2 所示。

表 8-2　网络拓扑中各设备的配置

设备	接口	IP 地址	子网掩码	默认网关
PC0	Fa0	192.168.0.2	255.255.225.0	192.168.0.1
PC1	Fa0	192.168.0.3	255.255.225.0	192.168.0.1
PC2	Fa0	192.168.0.4	255.255.255.0	192.168.0.1

（2）配置主机信息

启动主机 PC0，进入 Windows Server 2008 R2 系统。在"开始"菜单里选择"控制面板"，在弹出的窗口里选择"查看网络状态和任务"。这时，在"查看活动网络"栏下，可以看到已经启用的网卡连接。单击连接名，进入状态窗口，在"常规"栏里单击"属性"按钮，然后找到" Internet 协议版本 4（TCP/IPv4）"选项。单击该选项后，会看到三个按钮，单击"属性"按钮，在"常规"窗口里设置 IP 地址和网关，如图 8-23 所示。

据表 8-2 的内容，用相同的方法设置 PC1 和 PC2 的 IP 地址和网关。设置好后，PC0、PC1 和 PC2 就在同一个局域网里，因此它们可以互相通信，可以用 ICMP 的 ping 命令来检验。在 PC0 上，从"开始"菜单里选择"所有程序"，然后在程序列表里找到"附件"并单击打开。在"附件"列表里选择"命令提示符"。在"命令提示符"窗口里键入" ping 192.168.0.3"，如图 8-24 所示，PC0 和 PC1 之间可以 ping 通。可以用同样的方法在 PC0、PC1 和 PC2 任意两台主机之间进行检验。

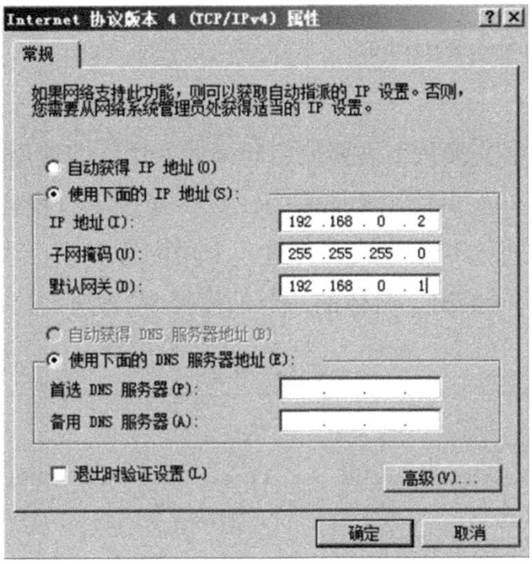

图 8-23 在"常规"窗口里配置主机 IP

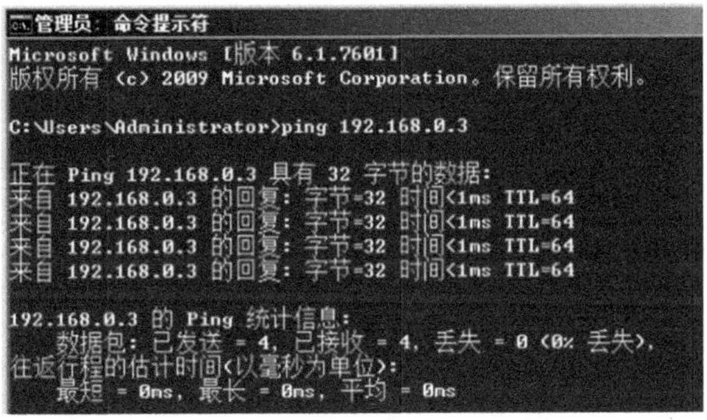

图 8-24 PC0 可以 ping 通 PC1

（3）配置两台交换机的主机名

为了方便查阅，将两台交换机名称改为网络拓扑图所示名称。

为了配置三层交换机，还需要另外一台主机作为配置终端。配置终端通过 Console 线与三层交换机的 Console 口相连，Console 线的一端插入配置终端的 COM 口，另一端插入三层交换机的 Console 口，然后使用 SecureCRT 软件登录三层交换机，具体的连接和登录步骤请参考第 2 章。在后面的实验中，也要用同样的方法连接和登录三层交换机。在三层交换机将设备名更改为 Switch0，执行代码 8-1。

代码 8-1

```
Ruijie>enable
Ruijie#configure terminal
Enter configuration commands, one per line.  End with CNTL/Z.

[Help cmd]        [Example]        [Presented inf]        [Config mode]
-------------     -----------      --------------------   ------------------------
function+help     acl help         typical config example privileged mode
keyword+help      ip-mac help      single cmd example     current cmd mode
```

```
view+function   view acl    main status or config   mode of different levels
Ruijie(config)#hostname Switch0
Switch0 (config)#
```

为了将主机连接到二层交换机，需要使用同样的方法，即使用一根直连线将主机的网卡
接口和交换机的端口相连，然后使用 SecureCRT 软件通过串口线或者网线远程登录交换机。
在登录交换机后，需要先进入特权模式，再进入全局配置模式，才能修改交换机的设备名。
将交换机的设备名设置为 Switch1，具体的命令如代码 8-2 所示。

代码 8-2

```
Ruijie>enable
Ruijie#configure terminal
Enter configuration commands, one per line.  End with CNTL/Z.
Ruijie(config)#hostna
Ruijie(config)#hostname Switch1
Switch1(config)#
```

（4）划分 VLAN

在 Switch0 三层交换机上将端口 2 划分到 VLAN 10，执行代码 8-3。

代码 8-3

```
Switch0 (config)#interface fastEthernet 0/2
Switch0 (config-if-fastEthernet 0/2)#switchport mode access
Switch0 (config-if-fastEthernet 0/2)#switchport access vlan 10
Switch0 (config-if-fastEthernet 0/2)#exit
```

在 Switch0 三层交换机上将端口 3 划分到 VLAN 20，执行代码 8-4。

代码 8-4

```
Switch0 (config)#interface fastEthernet 0/3
Switch0 (config-if-fastEthernet 0/3)#switchport mode access
Switch0 (config-if-fastEthernet 0/3)#switchport access vlan 20
Switch0 (config-if-fastEthernet 0/3)#exit
```

在 Switch1 二层交换机上将端口 2 划分到 VLAN 10，执行代码 8-5。

代码 8-5

```
Switch1 (config)#interface GigabitEthernet 0/2
Switch1 (config-if-GigabitEthernet 0/2)#switchport mode access
Switch1 (config-if-GigabitEthernet 0/2)#switchport access vlan 10
Switch1 (config-if-GigabitEthernet 0/2)#exit
```

在 Switch0 和 Switch1 之间设置交换机的链路 Truck。在 Switch0 上执行代码 8-6。

代码 8-6

```
Switch0 (config)#interface fastEthernet 0/1
Switch0 (config-if-FastEthernet 0/1)#switchport mode trunk
Switch0 (config-if-FastEthernet 0/1)#exit
```

在 Switch1 上配置交换机之间的链路 Trunk，命令如代码 8-7 所示。

代码 8-7

```
Switch1 (config)#interface GigabitEthernet 0/1
Switch1 (config-if-GigabitEthernet 0/1)#switchport mode trunk
Switch1 (config-if-GigabitEthernet 0/1)#exit
```

查看 Switch0 的 VLAN 信息，命令如代码 8-8 所示。

代码 8-8

```
Switch0 (config)#show vlan
VLAN Name                               Status    Ports
---- -------------------------------- --------- --------------------------------
   1 VLAN0001                          STATIC    Fa0/1, Fa0/4, Fa0/5, Fa0/6
                                                 Fa0/7, Fa0/8, Fa0/9, Fa0/10
                                                 Fa0/11, Fa0/12, Fa0/13, Fa0/14
                                                 Fa0/15, Fa0/16, Fa0/17, Fa0/18
                                                 Fa0/19, Fa0/20, Fa0/21, Fa0/22
                                                 Fa0/23, Fa0/24, Gi0/25, Gi0/26
  10                                    STATIC    Fa0/1, Fa0/2
  20                                    STATIC    Fa0/1, Fa0/3
Switch0 (config)#show interfaces fastEthernet 0/1 switchport
Interface              Switchport Mode      Access Native Protected VLAN lists
---------------------- ---------- -------- ------ ------ --------- ---------
FastEthernet 0/1       enabled    TRUNK    1      1      Disabled  ALL
```

查看 Switch1 的 VLAN 信息，命令如代码 8-9 所示。

代码 8-9

```
Switch1 (config)#show vlan
VLAN Name                               Status    Ports
---- -------------------------------- --------- --------------------------------
   1 VLAN0001                          STATIC    Gi0/1, Gi0/3, Gi0/4, Gi0/5
                                                 Gi0/6, Gi0/7, Gi0/8, Gi0/9
                                                 Gi0/10, Gi0/11, Gi0/12, Gi0/13
                                                 Gi0/14, Gi0/15, Gi0/16, Gi0/17
                                                 Gi0/18, Gi0/19, Gi0/20, Gi0/21
                                                 Gi0/22, Gi0/23, Gi0/24, Gi0/25
                                                 Gi0/26, Gi0/27, Gi0/28
  10                                    STATIC    Gi0/1, Gi0/2
  20                                    STATIC    Gi0/1
Switch1 (config)#show interfaces GigabitEthernet 0/1 switchport
Interface              Switchport Mode      Access Native Protected
   VLAN lists
---------------------- ---------- -------- ------ ------ --------- ---
GigabitEthernet 0/1    enabled    TRUNK    1      1      Disabled  ALL
```

（5）测试 VLAN

主机 PC0 和主机 PC2 都被分配到了 VLAN10，而主机 PC1 被分配到了 VLAN20。根据 VLAN 的工作原理，在同一个 VLAN 内的主机可以互相通信，不同 VLAN 之间的主机则不能直接通信。为了验证这一点，可以使用 ping 命令来检验主机之间的连通性。在 PC0 上使用"ping 192.168.0.4"命令。如图 8-25 所示,PC0 可以 ping 通 PC2。

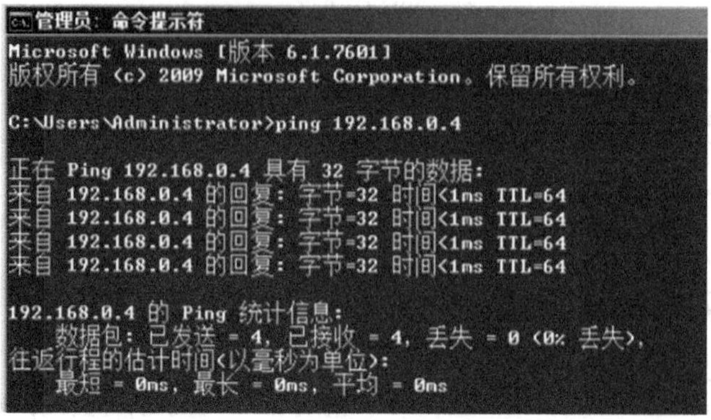

图 8-25　PC0 可以 ping 通 PC2

在 PC0 上使用"ping 192.168.0.3"命令。如图 8-26 所示,PC0 不可以 ping 通 PC1。

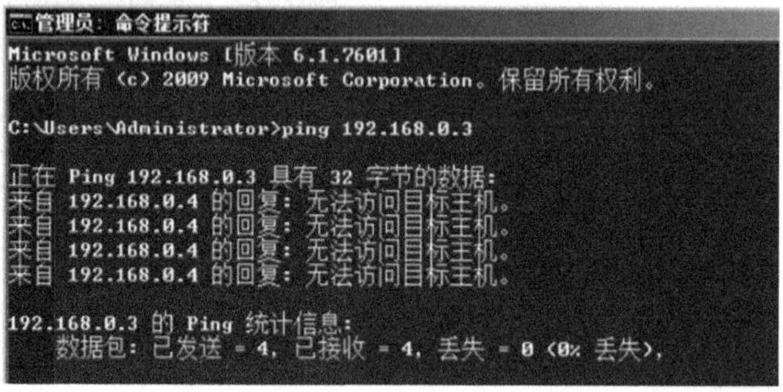

图 8-26　PC0 不可以 ping 通 PC1

2. 在 Packet Tracer 环境下配置 VLAN

(1) 构建网络拓扑

首先,打开思科模拟器软件,然后从左下角的设备框中拖拽出 1 台 3650-24PS 型号的交换机、1 台 2950-24 型号的交换机和 3 台主机。接下来,用交叉线将两台交换机的端口相连,用直连线将交换机的端口和主机的网卡接口相连,构建本实验的网络拓扑结构。本节开始时已经给出了网络拓扑结构的示意图(如图 8-22 所示)。在拓扑结构中,可以看到 Switch0 的 fastEthernet 0/1 端口已经改为 GigabitEthernet 1/0/1 端口,它和 Switch1 的 fastEthernet 0/1 端口相连。Switch0 的 GigabitEthernet 1/0/2 端口和 PC0 主机相连,Switch0 的 GigabitEthernet 1/0/3 端口和 PC1 主机相连。

(2) 配置主机的 IP 地址和网关

为了配置主机的 IP 地址,需要先在网络拓扑结构图中单击 PC0 主机,进入它的配置窗口。然后,选择"Desktop"标签页下的"IP Configuration"按钮,打开图 8-27 所示的 IP 配置界面。根据表 8-2 给出的信息,在这个界面中的 PC0 设置 IP 地址、子网掩码和网关。

然后，按照相同的操作步骤分别为 PC1 和 PC2 设置 IP 地址、子网掩码和网关。

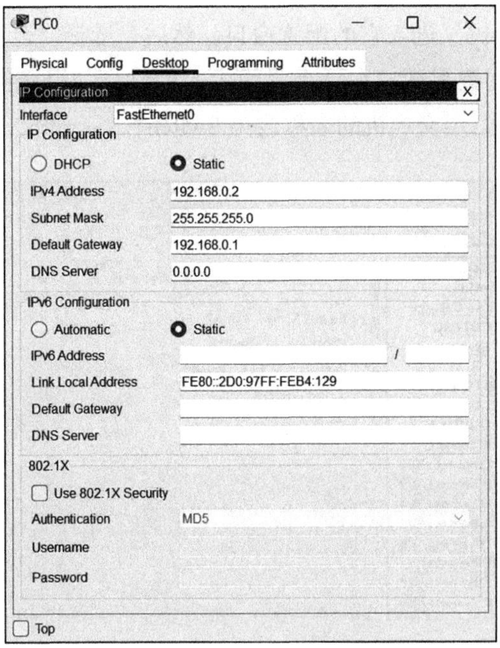

图 8-27 PC0 的 IP 配置页面

PC0、PC1 和 PC2 被分配到了同一个 VLAN，它们属于同一个局域网。这意味着它们的数据帧头会有相同的 VLAN 标签，交换机会根据这个标签进行转发，保证了同一 VLAN 相互通信。为了验证这一点，可以使用 ICMP 的 ping 命令来检验主机之间的连通性。首先，在网络拓扑结构图中单击主机 PC0，进入它的配置窗口。然后，单击“Desktop”标签页下的“Command Prompt”按钮，打开命令行界面。在命令行界面中，键入“ping 192.168.0.3”，就可以向 PC1 主机发送 ICMP 请求报文。从图 8-28 中，可以看到 PC0 和 PC1 之间的 ping 命令成功执行，说明它们可以互相通信。同样地，也可以用 ping 命令来检验 PC0 和 PC2，以及 PC1 和 PC2 之间的连通性。

提示：3650-24PS 交换机默认未打开电源，需要在 Physical 选项卡中选择 AC-POWER-SUPPLY 添加到路由器的模块槽中，添加后就会加电。

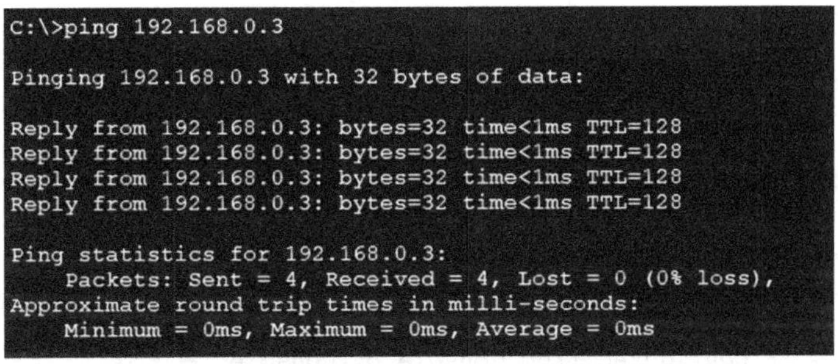

```
C:\>ping 192.168.0.3

Pinging 192.168.0.3 with 32 bytes of data:

Reply from 192.168.0.3: bytes=32 time<1ms TTL=128
Reply from 192.168.0.3: bytes=32 time<1ms TTL=128
Reply from 192.168.0.3: bytes=32 time<1ms TTL=128
Reply from 192.168.0.3: bytes=32 time<1ms TTL=128

Ping statistics for 192.168.0.3:
    Packets: Sent = 4, Received = 4, Lost = 0 (0% loss),
Approximate round trip times in milli-seconds:
    Minimum = 0ms, Maximum = 0ms, Average = 0ms
```

图 8-28 PC0 可以 ping 通 PC1

（3）配置两台交换机的主机名

为了使交换机的名称与网络拓扑图一致，需要对两台交换机进行重命名。首先，在网络拓扑结构图中单击交换机，进入它的配置窗口。然后，选择"全局配置"标签页，进入图8-29所示的交换机名称配置界面。在这个界面中，可以将三层交换机的名称改为Switch0。按照同样的步骤，可以将二层交换机的名称改为Switch1。

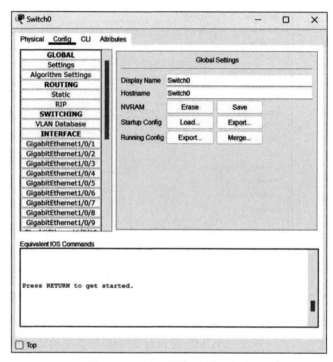

图 8-29　更改三层交换机的名称

（4）划分 VLAN

为了对交换机进行配置，首先在网络拓扑结构图中单击交换机，进入它的配置窗口。然后，选择"CLI"标签页，打开交换机的命令行界面。在 Switch0 三层交换机的命令行界面中，键入代码8-10所示的命令，将 GigabitEthernet 1/0/2 端口分配到 VLAN 10，将 GigabitEthernet 1/0/3 端口分配到 VLAN 20，并查看 VLAN 的配置情况。

代码　8-10

```
Switch0(config)#interface GigabitEthernet 1/0/2
Switch0(config-if)#switchport access vlan 10
% Access VLAN does not exist. Creating vlan 10
Switch0(config-if)#exit
Switch0(config)#interface GigabitEthernet 1/0/3
Switch0(config-if)#switchport access vlan 20
% Access VLAN does not exist. Creating vlan 20
Switch0(config-if)#end
Switch0#
%SYS-5-CONFIG_I: Configured from Console by Console
```

```
Switch0#show vlan

VLAN Name                             Status    Ports
---- -------------------------------- --------- --------------------------------
1    default                          active    Gig1/0/4, Gig1/0/5, Gig1/0/6,
                                                Gig1/0/7
                                                Gig1/0/8, Gig1/0/9, Gig1/0/10,
                                                Gig1/0/11
                                                Gig1/0/12, Gig1/0/13, Gig1/0/14,
                                                Gig1/0/15
                                                Gig1/0/16, Gig1/0/17, Gig1/0/18,
                                                Gig1/0/19
                                                Gig1/0/20, Gig1/0/21, Gig1/0/22,
                                                Gig1/0/23
                                                Gig1/0/24, Gig1/1/1, Gig1/1/2,
                                                Gig1/1/3
                                                Gig1/1/4
10   VLAN0010                         active    Gig1/0/2
20   VLAN0020                         active    Gig1/0/3
1002 fddi-default                     active
1003 token-ring-default               active
1004 fddinet-default                  active
1005 trnet-default                    active
VLAN Type  SAID       MTU   Parent RingNo BridgeNo Stp  BrdgMode Trans1 Trans2
---- ----- ---------- ----- ------ ------ -------- ---- -------- ------ ------
1    enet  100001     1500  -      -      -        -    -        0      0
10   enet  100010     1500  -      -      -        -    -        0      0
20   enet  100020     1500  -      -      -        -    -        0      0
1002 fddi  101002     1500  -      -      -        -    -        0      0
1003 tr    101003     1500  -      -      -        -    -        0      0
1004 fdnet 101004     1500  -      -      -        ieee -        0      0
1005 trnet 101005     1500  -      -      -        ibm  -        0      0


VLAN Type  SAID       MTU   Parent RingNo BridgeNo Stp  BrdgMode Trans1 Trans2
---- ----- ---------- ----- ------ ------ -------- ---- -------- ------ ------
Remote SPAN VLANs
-------------------------------------------------------------------------------

Primary Secondary Type             Ports
------- --------- ---------------- --------------------------------------------
```

在网络拓扑结构图中单击 Switch1，进入它的配置窗口。然后，选择"命令行"标签页，可以打开交换机的命令行界面。在 Switch1 的命令行界面中，键入代码 8-11 所示的命令，将 fastEthernet 0/2 端口分配到 VLAN 10，并查看 VLAN 的配置情况。

代码　8-11

```
Switch1(config)#interface fastEthernet 0/2
Switch1(config-if)#switchport mode access
Switch1(config-if)#switchport access vlan 10
% Access VLAN does not exist. Creating vlan 10
Switch1(config-if)#exit
Switch1(config)#end
Switch1#
%SYS-5-CONFIG_I: Configured from Console by Console
```

```
Switch1#show vlan

VLAN Name                             Status    Ports
---- -------------------------------- --------- -------------------------------
1    default                          active    Fa0/3, Fa0/4, Fa0/5, Fa0/6
                                                Fa0/7, Fa0/8, Fa0/9, Fa0/10
                                                Fa0/11, Fa0/12, Fa0/13, Fa0/14
                                                Fa0/15, Fa0/16, Fa0/17, Fa0/18
                                                Fa0/19, Fa0/20, Fa0/21, Fa0/22
                                                Fa0/23, Fa0/24
10   VLAN0010                         active    Fa0/2
1002 fddi-default                     active
1003 token-ring-default               active
1004 fddinet-default                  active
1005 trnet-default                    active

VLAN Type  SAID       MTU   Parent RingNo BridgeNo Stp  BrdgMode Trans1 Trans2
---- ----- ---------- ----- ------ ------ -------- ---- -------- ------ ------
1    enet  100001     1500  -      -      -        -    -        0      0
10   enet  100010     1500  -      -      -        -    -        0      0
1002 fddi  101002     1500  -      -      -        -    -        0      0
1003 tr    101003     1500  -      -      -        -    -        0      0
1004 fdnet 101004     1500  -      -      -        ieee -        0      0
1005 trnet 101005     1500  -      -      -        ibm  -        0      0

VLAN Type  SAID       MTU   Parent RingNo BridgeNo Stp  BrdgMode Trans1 Trans2
---- ----- ---------- ----- ------ ------ -------- ---- -------- ------ ------


Remote SPAN VLANs
-------------------------------------------------------------------------------


Primary Secondary Type             Ports
------- --------- ---------------- -------------------------------------------
```

在 Switch0 和 Switch1 之间设置交换机的链路 Trunk。在 Switch0 上执行代码 8-12 所示的配置。

代码 8-12

```
Switch0(config)#interface GigabitEthernet 1/0/1
Switch0(config-if)#switchport mode trunk
Switch0(config-if)#
```

在 Switch1 上配置交换机之间的链路 Trunk，命令如代码 8-13 所示。

代码 8-13

```
Switch1(config)#interface fastEthernet 0/1
Switch1(config-if)#switchport mode trunk
Switch1(config-if)#exit
Switch1(config)#
```

（5）测试 VLAN

VLAN 10 和 VLAN 20 属于不同的广播域，它们之间的通信需要经过三层路由器的转发。因此，可以使用 ping 命令来检验 PC0 和 PC1、PC0 和 PC2 之间的连通性，从而验证 VLAN 的划分是否成功。如果 PC0 和 PC1 不能互通，而 PC0 和 PC2 可以互通，说明 VLAN 的划分是正确的。

在网络拓扑结构图中单击主机，进入它的配置窗口。然后，单击"Desktop"标签页下的"Command Prompt"按钮，打开主机的命令行界面。在命令行界面中，使用 ping 命令来向其他主机发送 ICMP 请求报文，并观察返回的 ICMP 应答报文。从图 8-30 中，可以看到 PC0 和 PC2 之间的 ping 命令成功执行，说明它们可以互相通信；而 PC0 和 PC1 之间的 ping 命令失败，说明它们不能直接通信。这是因为它们属于不同的 VLAN，需要经过三层交换机的转发才能通信。

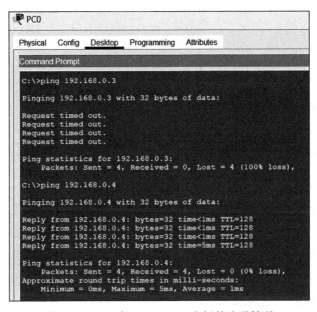

图 8-30   PC0 与 PC2、PC1 之间的连通情况

8.3.7   实验总结

本实验通过交换机的配置实现 VLAN 的划分。实验中涉及两种端口模式：接入模式（access）和汇聚模式（trunk）。这两种模式的功能有所区别。汇聚模式的端口能够在多个交换机之间传送多个 VLAN 的数据帧，而接入模式的端口只能连接指定 VLAN 的主机。此外，我们还需了解交换机的两种访问方式：控制台端口（Console）和以太网端口。如果初次使用交换机，建议通过控制台端口进行访问。

8.3.8   思考与进阶

 思考：使用 Packet Tracer 的"实时 / 模拟"功能，查看在三层交换机配置 VLAN 的情况下，数据包的传送过程。

进阶：加入防火墙设备，通过设置安全策略，实现 VLAN 间的单向隔离。

8.4 802.11 协议分析

8.4.1 实验背景

802.11 是一种无线局域网（WLAN）技术标准，它定义了无线网络中的物理层和介质访问控制（Media Access Control，MAC）层的操作规范。在 802.11 WLAN 中，通信设备通过 MAC 地址进行彼此识别和通信。MAC 地址是一个唯一标识符，通常用 48 位二进制数表示。为了在 802.11 网络中实现数据帧的传输，每个数据帧都需要包含源和目标设备的 MAC 地址。

8.4.2 实验目标与应用场景

1. 实验目标

本实验以 Microsoft Network Monitor 为实验平台，通过捕获 802.11 协议的数据包，深入分析 802.11 的监听、关联和认证过程。通过本实验，学生应该掌握以下知识点：

1）802.11 的关联方法。

2）802.11 的认证方法。

3）802.11 中 MAC 地址的使用。

2. 拓展应用场景

802.11 是一种无线局域网（WLAN）技术，它允许设备通过无线信道进行通信。为了减少碰撞和冲突，802.11 制定了一套介质访问控制协议，用于协调设备之间的数据传输。这些协议包括分布式协调功能（Distributed Coordination Function，DCF）和请求 – 发送 / 清除 – 发送（Request to Send/Clear to Send，RTS/CTS）机制，目的是在无线环境中有效地管理数据传输。目前，无线网络应用的场景非常广泛，例如：

- 企业无线网络：许多企业和办公场所使用 802.11 协议建立无线局域网，为员工和访客提供无线接入服务。
- 公共热点：咖啡馆、餐厅、机场和图书馆等公共场所提供免费或收费的无线网络接入服务，让用户能够轻松上网。
- 物联网应用：随着物联网技术的发展，越来越多的设备和传感器采用无线连接进行通信和数据传输。802.11 协议提供了一种简便的无线通信方案，适用于各种物联网应用，如智能家居、智能城市和工业自动化等。

8.4.3 实验准备

为了完成本实验，学生需要掌握以下知识：

1）802.11 报文各个字段的含义。

2）802.11 的工作过程。

3）Microsoft Network Monitor 的使用方法。

8.4.4 实验平台与工具

1. 实验平台

Windows 11（使用任何可以安装 Microsoft Nerwork Monitor 的平台均可以完成）。

2. 实验工具

Microsoft Network Monitor[⊖]。

8.4.5 实验原理

1. 802.11 的报文段

802.11 的报文段说明如图 8-31 所示。

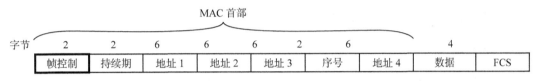

图 8-31 802.11 报文段说明

- 帧控制：帧控制字段包含对数据帧的控制信息，如帧类型、子类型、帧的传输方式（管理帧、控制帧或数据帧）、帧的保护方式（加密或未加密）等。帧控制字段的内容决定了数据帧的用途和传输方式。
- 持续期：持续期字段指示数据帧传输所需的时间，以便其他设备在这段时间内保持沉默，避免碰撞。持续期字段通常用于控制数据帧的传输顺序和时间间隔。
- 地址 1、地址 2、地址 3、地址 4：这些字段用于指示数据帧的源地址和目的地址。地址 1 通常表示接收方的 MAC 地址，地址 2 表示发送方的 MAC 地址，地址 3 通常用于多播或广播帧，而地址 4 通常用于数据帧的源地址。
- 序号：序号字段用于标识数据帧的顺序，以便接收方可以按照正确的顺序重新组装数据。序号字段通常与帧的序列号或帧的片段编号相关联，用于处理分段传输或数据帧的丢失重传。
- 数据：数据字段包含数据帧的有效载荷。
- FCS：FCS 字段用于校验数据帧的完整性，以检测传输过程中是否发生了错误或丢失。FCS 通常是使用 CRC（循环冗余校验）算法。

2. 802.11 的工作过程

802.11 的主机需要经历下面三个过程才能加入无线网络（如图 8-32 所示）：

- 监听过程：在 802.11 网络中，主机会扫描可用的信道，并监听传输的信号，以确定周围是否存在可用的无线网络和 AP。通过监听信道，可以发现附近的无线网络，并

⊖ 下载网址为 https://www.microsoft.com/en-us/download/details.aspx?id=4865。

准备进行接入和认证的工作。

- 认证过程：在主机发现可用的无线网络后，需要进行认证，以证明自己的身份和权限。认证是指主机向 AP 提供凭据或证书，以验证自己的身份。通常，认证过程包括主机向 AP 发送认证请求，AP 对请求进行验证，并发送认证响应给主机。如果设备通过验证，则可以进入下一步的关联过程。

- 关联过程：在认证完成后，主机可以尝试与 AP 建立关联。主机会向接入点发送关联请求，

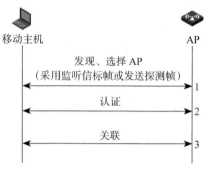

图 8-32   802.11 主机管理 AP 的过程

并等待 AP 的确认响应。一旦接收到 AP 的响应，主机与 AP 之间就建立了关联，可以开始在无线网络上进行数据传输。

8.4.6   实验步骤

本实验让学生通过捕获 802.11 的数据包，深入了解无线局域网的工作原理。捕获 802.11 数据包时，需要将网卡设置为监听模式，根据 Wireshark 官方文档，在 Linux 环境下，需要安装 airmon-ng 来使无线网卡切换到监控模式。在 Windows 环境下，需要先安装 Npacp，在 Wireshark 里面捕获端口时，勾选 "Capture packets in monitor mode" 选项，就可以捕获 802.11 的数据包。但是，并非所有设备都支持这一功能，所以可能会失败。这时 Wireshark 捕获的数据包看不到 802.11 的帧头，如图 8-33 所示。为了解决这一问题，同时保证实验顺利进行，我们在本实验中使用 Microsoft 提供的 Microsoft Network Monitor 监听工具来捕获 802.11 的数据包。

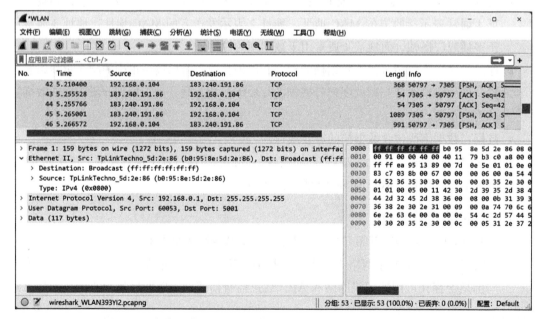

图 8-33   未将网卡设置为监听模式时，Wireshark 捕获的数据帧头

启动 Microsoft Network Monitor（注意，要以管理员的身份启动该软件，否则无法看到设备的网络接口），如图 8-34 所示。在图 8-34 的左下方，勾选"Select Networks"中的"WLAN"，然后单击"New Capture"图标，就会出现如图 8-35 所示的界面。

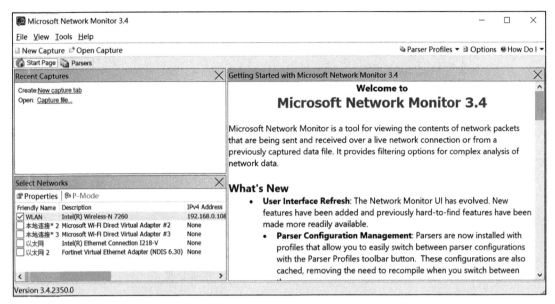

图 8-34　Microsoft Network Monitor 的界面

在"WLAN"选项上双击，会弹出如图 8-35 所示的"Network Interface Configuration"窗口，可以查看当前无线网卡的相关信息。单击"Scanning Options"按钮，会弹出如图 8-36 所示的"WiFi Scanning Options"窗口。在这里，勾选"Switch to Monitor Mode"选项，并单击"Apply"按钮，然后返回到主界面。

在主界面中，单击"New Capture"按钮，会出现如图 8-37 所示的界面。在界面的工具栏中，单击"Start"按钮，开始捕获。为了捕获到完整的监听和关联的数据包，最好在单击按钮之前关闭 WiFi 网络，或者先禁用无线网卡，单击"Start"按钮后再启用无线网卡。这样就可以捕获 802.11 完整过程的数据包，如图 8-38 所示。

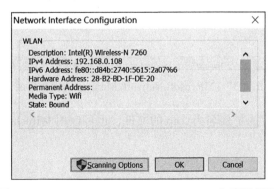

图 8-35　"Network Interface Configuration"配置界面

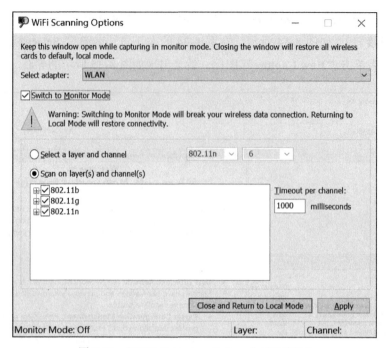

图 8-36 "WiFi Scanning Options"配置界面

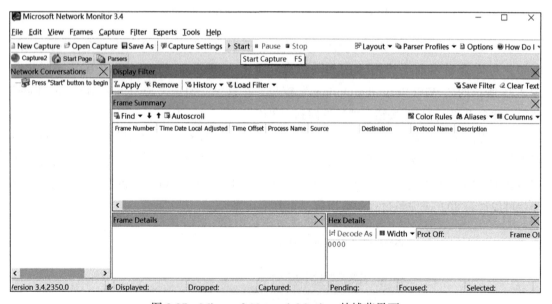

图 8-37 Microsoft Network Monitor 的捕获界面

将捕获的数据包保存为扩展名为 .cap 的文件,也可以用 Wireshark 打开文件进行协议原理分析,如图 8-39 所示。

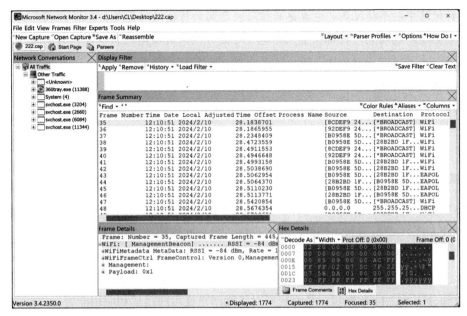

图 8-38   用 Microsoft Network Monitor 捕获的数据包

图 8-39   用 Wireshark 查看捕获的数据分组

 想一想   对从 Wireshark 中截获的数据分组进行分析，并回答下列问题（需要在实验报告中附上 Wireshark 的截图作为回答依据）：

1）在捕获的数据分组中，有多少个不同的接入点？它们的 SSID 是什么？它们使用的 802.11 的信道分别是什么？

2）针对其中一个接入点，它发送的信标帧之间的传输间隔是多少？

3）来自这个接入点的信标帧的三个地址字段分别存放的地址信息是什么？在"帧控制"字段对应的 DS 状态位是什么？

4）请找到你的主机最后选择关联的 AP，从哪个报文中可以看出？该 AP 的 SSID 是什么？所使用的信道是哪个？频率是多少？速率是多少？

5）主机如何获取 IP 地址？

8.4.7   实验总结

在本实验中，与其他章节不同的是，由于 Windows 操作系统的保护机制，Wireshark 不能直接捕获 802.11 的数据包。因此，我们提供了另一种捕获数据包的工具，以便学生能够完成实验。本实验希望让学生深入了解 802.11 的工作原理，包括其在无线局域网中的基本操作和通信机制。通过实践操作，学生应能够掌握 802.11 协议的关键概念，以及如何使用特定工具来捕获和分析 802.11 数据包，从而提高对无线网络技术的理解和应用能力。

8.4.8   思考与进阶

思考：在 802.11 抓包分析过程中，如何确定无线网络的信道使用情况？如何识别信道干扰对数据传输的影响？

进阶：通过分析 QoS 相关的数据包和参数，分析 802.11 协议中的 QoS 机制对实时应用和延迟敏感型应用的影响。

综合设计篇

第9章
综合设计 1：校园网的搭建

要搭建一个大型的局域网，首先要根据用户的需求，设计合理的网络拓扑结构，并规划合适的 IP 地址分配方案和地址范围，这需要用到基础实验中学习的路由器配置和子网划分的知识。其次，要根据需求，选择性能可靠的网络设备，并配置适当的网络协议。由于大型网络中用户数众多，通常需要配置 DHCP 服务器，为用户动态分配 IP 地址。此外，还要考虑是否需要配置 NAT，以及在局域网内要提供哪些网络服务。本章以搭建一个简易的校园网为例，综合运用前面的基础实验部分的知识，让学生掌握大型局域网的设计和搭建方法。

9.1 设计目标与准备

本项目通过在 Packet Tracer 中模拟校园网的搭建过程，帮助学生了解校园网搭建的基本方法。通过本项目，学生应掌握以下知识：

1）VLAN 划分的基本方法。

2）NAT 的配置方法。

3）DHCP 的配置方法。

4）DNS 的配置方法。

本项目使用 Packet Tracer 模拟器搭建校园网，学生需要提前了解下面的知识：

1）VLAN 划分、NAT、DHCP、DNS 等的基础理论知识。

2）思科模拟器的基本使用方法。

提示： 本项目建议用两个课时完成，学生需要提前学习关于 VLAN 划分以及 NAT、DHCP、DNS 等的配置。

9.2 实验平台与工具

1. 实验平台

Windows 11（使用任何可以安装 Packet Tracer 的平台均可以完成）。

2. 实验工具

Packet Tracer 8.2.1。

9.3 总体设计要求

校园网的设计要求如下：

1）VLAN 划分：将教学楼、实验楼、学生宿舍、图书馆、办公楼、信息中心等分别划分到不同的 VLAN（虚拟局域网中），以减小广播域冲突，提高通信效率，但内网主机之间仍需要互通。

2）在路由器上配置 DHCP 服务：使得教学楼、实验楼、学生宿舍、图书馆、办公楼的主机能够自动获取 IP 地址、子网掩码和默认网关。

3）配置 Web 服务器：配置静态的内网 IP 地址，并开启 HTTP 和 HTTPS 服务。

4）配置 DNS 服务器：配置静态的内网 IP 地址，开启 DNS 服务，并为 Web 服务器添加域名映射。

5）配置 NAT 服务：在路由器上配置 NAT，使得校园网用户使用内网 IP 可以访问外网，但是外网用户只能通过域名访问校园网的 Web 服务器，不能通过内网 IP 地址访问该服务器，同时外网用户不能访问校园网的主机。

建议在实验前根据设计要求自行设计实验步骤，并画出网络拓扑结构图，做好 IP 地址的划分，再进行后续的实验工作。

9.4 设计步骤

本项目需要根据设计要求划分网络拓扑结构、IP 地址范围并选择相应的服务，主要步骤如下：

1）搭建网络拓扑结构。

2）划分 VLAN。

3）配置 DHCP 服务器。

4）配置 Web 服务。

5）配置 DNS 服务器。

6）配置 NAT 服务。

7）测试。

1. 网络拓扑结构搭建

启动思科模拟器，从左下角的设备框中，选择添加 2 台 3560-24PS 多层交换机、2 台 Router-PT 路由器、2 台 Server-PT 服务器和 6 台主机 PC-PT，按照图 9-1 所示的网络拓扑图进行连接。其中，同类设备之间用交叉线连接，不同类设备之间用直通线连接。Router-PT 路由器的 FastEthernet 接口需要开启 Port Status 状态。在实验过程中，学生可以灵活选择各设备的连接接口，但是要记住各设备之间连接的接口号，以便后面的配置中相应地修改。

校园网规划了 6 个 VLAN，分别对应教学楼、实验楼、学生宿舍、图书馆、办公楼和信息中心，网段地址分别为 10.1.1.0/24、20.1.1.0/24、30.1.1.0/24、40.1.1.0/24、50.1.1.0/24、

60.1.1.0/24。PC5 是唯一拥有外网 IP 的主机。Router0 连接了整个学校内部的网络拓扑，其所有设备都使用内网 IP 地址。Router0 配置了 DHCP 服务，PC0 ～ PC4 都可以自动获取 IP 地址，DNS 和网页服务器则使用静态 IP 地址。Router0 的 Fa0/0 接口采用单臂路由技术，划分为 6 个子接口，分别对应 6 个 VLAN。最后，通过 NAT 技术，实现内网主机对外网主机的访问，但外网主机只能访问网页服务器。表 9-1 给出了各设备的 IP 配置规划表，后续将按照表中的信息进行设置。

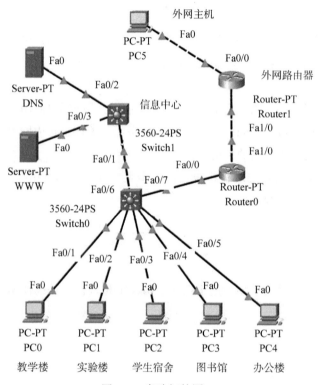

图 9-1   实验拓扑图

表 9-1   各设备的 IP 配置规划表

设备	接口	IP 地址	子网掩码	默认网关
Router0	Fa0/0.1	10.1.1.1	255.255.255.0	N/A
	Fa0/0.2	20.1.1.1	255.255.255.0	N/A
	Fa0/0.3	30.1.1.1	255.255.255.0	N/A
	Fa0/0.4	40.1.1.1	255.255.255.0	N/A
	Fa0/0.5	50.1.1.1	255.255.255.0	N/A
	Fa0/0.6	60.1.1.1	255.255.255.0	N/A
	Fa0/1	200.1.1.1	255.255.255.0	N/A
Router1	Fa0/0	211.211.211.1	255.255.255.0	N/A
	Fa0/1	200.1.1.2	255.255.255.0	N/A
DNS 服务器	Fa0	60.1.1.2	255.255.255.0	60.1.1.1
WWW 服务器	Fa0	60.1.1.3	255.255.255.0	60.1.1.1
PC5	Fa0	211.211.211.2	255.255.255.0	211.211.211.1

2. 划分 VLAN

Switch0 和 Switch1 连接的接口两端都要设置为 Trunk 模式。首先，鼠标左键单击 Switch0，进入配置界面，选择 CLI 面板，输入代码 9-1。然后，用同样的方法将 Switch1 的 Fa0/1 接口也设置为 Trunk 模式，输入相应的代码，这里不再赘述。

代码　9-1

```
Switch>enable
Switch#conf t
Enter configuration commands, one per line.  End with CNTL/Z.
Switch(config)#interface fa0/6
Switch(config-if)#switchport mode trunk
Command rejected: An interface whose trunk encapsulation is "Auto" can not be
    configured to "trunk" mode.
// 思科模拟器中，3650-24PS 交换机默认的封装协议为 ISL（Cisco Inter-Switch Link Protocol）
//ISL 是思科交换机的私有协议，配置 trunk 时被拒绝
// 改为 802.1q 协议后，再配置 trunk
Switch(config-if)#switchport trunk encapsulation dot1q
Switch(config-if)#switchport mode trunk
```

在 Switch0 上配置 VLAN 10 ～ VLAN 60，执行代码 9-2。

代码　9-2

```
Switch>enable
Switch#conf t
Enter configuration commands, one per line.  End with CNTL/Z.
Switch(config)#interface fa0/1
// 新建 VLAN10，并将接口 Fa0/1 分配给 VLAN10。注意 VLAN1 是原生的，最好不要使用
Switch(config-if)#switchport access vlan 10
% Access VLAN does not exist. Creating vlan 10
Switch(config-if)#exit
Switch(config)#interface fa0/2
Switch(config-if)#switchport access vlan 20
% Access VLAN does not exist. Creating vlan 20
Switch(config-if)#exit
Switch(config)#interface fa0/3
Switch(config-if)#switchport access vlan 30
% Access VLAN does not exist. Creating vlan 30
Switch(config-if)#exit
Switch(config)#interface fa0/4
Switch(config-if)#switchport access vlan 40
% Access VLAN does not exist. Creating vlan 40
Switch(config-if)#exit
Switch(config)#interface fa0/5
Switch(config-if)#switchport access vlan 50
% Access VLAN does not exist. Creating vlan 50
Switch(config-if)#exit
// 新建 VLAN60，不分配接口
Switch(config)#vlan 60
Switch(config-if)#end
Switch#
%SYS-5-CONFIG_I: Configured from Console by Console
// 查看 VLAN 表
```

```
Switch#show vlan b
VLAN Name                             Status    Ports
---- -------------------------------- --------- ------------------------------
1    default                          active    Fa0/8, Fa0/9, Fa0/10, Fa0/11
                                                Fa0/12, Fa0/13, Fa0/14, Fa0/15
                                                Fa0/16, Fa0/17, Fa0/18, Fa0/19
                                                Fa0/20, Fa0/21, Fa0/22, Fa0/23
                                                Fa0/24, Gig0/1, Gig0/2
10   VLAN0010                         active    Fa0/1
20   VLAN0020                         active    Fa0/2
30   VLAN0030                         active    Fa0/3
40   VLAN0040                         active    Fa0/4
50   VLAN0050                         active    Fa0/5
60   VLAN0060                         active
1002 fddi-default                     active
1003 token-ring-default               active
1004 fddinet-default                  active
1005 trnet-default                    active
```

在 Switch1 上配置 VLAN 10 ~ VLAN 60，执行代码 9-3。

代码 9-3

```
Switch(config)#vlan 10
Switch(config-vlan)#exit
Switch(config)#vlan 20
Switch(config-vlan)#exit
Switch(config)#vlan 30
Switch(config-vlan)#exit
Switch(config)#vlan 40
Switch(config-vlan)#exit
Switch(config)#vlan 50
Switch(config-vlan)#exit
// 新建 VLAN60，并将接口 Fa0/2 分配给 VLAN60
Switch(config)#interface fa0/2
Switch(config-if)#switchport access vlan 60
% Access VLAN does not exist. Creating vlan 60
Switch(config-if)#exit
Switch(config)#interface fa0/3
Switch(config-if)#switchport access vlan 60
Switch(config-if)#end
Switch#
%SYS-5-CONFIG_I: Configured from Console by Console
Switch#show vlan b
VLAN Name                             Status    Ports
---- -------------------------------- --------- ------------------------------
1    default                          active    Fa0/4, Fa0/5, Fa0/6, Fa0/7
                                                Fa0/8, Fa0/9, Fa0/10, Fa0/11
                                                Fa0/12, Fa0/13, Fa0/14, Fa0/15
                                                Fa0/16, Fa0/17, Fa0/18, Fa0/19
                                                Fa0/20, Fa0/21, Fa0/22, Fa0/23
                                                Fa0/24, Gig0/1, Gig0/2
10   VLAN0010                         active
20   VLAN0020                         active
30   VLAN0030                         active
40   VLAN0040                         active
```

50	VLAN0050	active	
60	VLAN0060	active	Fa0/2, Fa0/3
1002	fddi-default	active	
1003	token-ring-default	active	
1004	fddinet-default	active	
1005	trnet-default	active	

由于不同 VLAN 之间是隔离的，为了实现校园网内各用户的互联，这里采用单臂路由的方法来实现 VLAN 间的通信。单臂路由的原理是将路由器的一个物理接口划分为多个逻辑子接口，每个子接口对应一个 VLAN。例如，当一个数据包从 VLAN 10 发送到路由器的 Fa0/0 接口时，路由器会通过 Fa0/0 的子接口给它打上标记 10。子接口虽然是虚拟的，但可以当作真实的接口来处理。接下来，在 Switch0 上输入代码 9-4，继续配置单臂路由。

代码 9-4

```
Switch(config)#interface fa0/7
Switch(config-if)#switchport mode trunk
Command rejected: An interface whose trunk encapsulation is "Auto" can not be
    configured to "trunk" mode.
Switch(config-if)#switchport trunk encapsulation dot1q
Switch(config-if)#switchport mode trunk
Switch(config-if)#
%LINEPROTO-5-UPDOWN: Line protocol on Interface FastEthernet0/7, changed state to
    down
%LINEPROTO-5-UPDOWN: Line protocol on Interface FastEthernet0/7, changed state to
    up
Switch(config-if)#switchport trunk allowed vlan all
```

为 Router0 的 Fa0/0 接口配置子接口和 IP 地址。这是单臂路由配置的重点，如代码 9-5 所示。

代码 9-5

```
# 创建虚拟接口 f0/0.1
Router(config)#interface f0/0.1
Router(config-subif)#
%LINK-5-CHANGED: Interface FastEthernet0/0.1, changed state to up
%LINEPROTO-5-UPDOWN: Line protocol on Interface FastEthernet0/0.1, changed state
    to up
# 配置以太网子接口 f0/0.1 的 VLAN 号为 10, 封装协议为 802.1q
Router(config-subif)#encapsulation dot1q 10
Router(config-subif)#ip address 10.1.1.1 255.255.255.0
Router(config-subif)#exit
Router(config)#interface f0/0.2
Router(config-subif)#
%LINK-5-CHANGED: Interface FastEthernet0/0.2, changed state to up
%LINEPROTO-5-UPDOWN: Line protocol on Interface FastEthernet0/0.2, changed state
    to up
Router(config-subif)#encapsulation dot1q 20
Router(config-subif)#ip address 20.1.1.1 255.255.255.0
Router(config-subif)#exit
Router(config)#interface f0/0.3
Router(config-subif)#
```

```
%LINK-5-CHANGED: Interface FastEthernet0/0.3, changed state to up
%LINEPROTO-5-UPDOWN: Line protocol on Interface FastEthernet0/0.3, changed state
    to up
Router(config-subif)#encapsulation dot1q 30
Router(config-subif)#ip address 30.1.1.1 255.255.255.0
Router(config-subif)#exit
Router(config)#interface f0/0.4
Router(config-subif)#
%LINK-5-CHANGED: Interface FastEthernet0/0.4, changed state to up
%LINEPROTO-5-UPDOWN: Line protocol on Interface FastEthernet0/0.4, changed state
    to up
Router(config-subif)#encapsulation dot1q 40
Router(config-subif)#ip address 40.1.1.1 255.255.255.0
Router(config-subif)#exit
Router(config)#interface f0/0.5
Router(config-subif)#
%LINK-5-CHANGED: Interface FastEthernet0/0.5, changed state to up
%LINEPROTO-5-UPDOWN: Line protocol on Interface FastEthernet0/0.5, changed state
    to up
Router(config-subif)#encapsulation dot1q 50
Router(config-subif)#ip address 50.1.1.1 255.255.255.0
Router(config-subif)#exit
Router(config)#interface f0/0.6
Router(config-subif)#
%LINK-5-CHANGED: Interface FastEthernet0/0.6, changed state to up
%LINEPROTO-5-UPDOWN: Line protocol on Interface FastEthernet0/0.6, changed state
    to up
Router(config-subif)#encapsulation dot1q 60
Router(config-subif)#ip address 60.1.1.1 255.255.255.0
Router(config-subif)#end
Router#show ip interface b
Interface           IP-Address      OK? Method Status                Protocol
FastEthernet0/0     unassigned      YES unset  up                    up
FastEthernet0/0.1   10.1.1.1        YES manual up                    up
FastEthernet0/0.2   20.1.1.1        YES manual up                    up
FastEthernet0/0.3   30.1.1.1        YES manual up                    up
FastEthernet0/0.4   40.1.1.1        YES manual up                    up
FastEthernet0/0.5   50.1.1.1        YES manual up                    up
FastEthernet0/0.6   60.1.1.1        YES manual up                    up
FastEthernet1/0     unassigned      YES unset  up                    up
Serial2/0           unassigned      YES unset  administratively down down
Serial3/0           unassigned      YES unset  administratively down down
FastEthernet4/0     unassigned      YES unset  administratively down down
FastEthernet5/0     unassigned      YES unset  administratively down down
```

 回答以下问题:

　　每一个 VLAN 的网络号分别是多少? 能容纳多少台主机?

3. 配置 DHCP 服务

　　如果主机数量不多, 可以将路由器作为 DHCP 服务器。当主机数量超过 1000 时, 建议使用专门的服务器来提供 DHCP 服务。接下来, 在 Router0 上配置 DHCP, 进入 CLI 面板,输入代码 9-6。

代码 9-6

```
// 创建一个名为 net10 的地址池
Router(config)#ip dhcp pool net10
// 为地址池设置 IP 网段和子网掩码
Router(dhcp-config)#network 10.1.1.0 255.255.255.0
// 给地址池中的 IP 设置网关
Router(dhcp-config)#default-router 10.1.1.1
/// 给地址池中的 IP 设置 DNS。此处为 DNS 服务器的 IP 地址
Router(dhcp-config)#dns-server 60.1.1.2
// 排除地址池中的 10.1.1.1
Router(dhcp-config)#ip dhcp excluded-address 10.1.1.1
Router(config)#ip dhcp pool net20
Router(dhcp-config)#network 20.1.1.0 255.255.255.0
Router(dhcp-config)#default-router 20.1.1.1
Router(dhcp-config)#dns-server 60.1.1.2
Router(dhcp-config)#ip dhcp excluded-address 20.1.1.1
Router(config)#ip dhcp pool net30
Router(dhcp-config)#network 30.1.1.0 255.255.255.0
Router(dhcp-config)#default-router 30.1.1.1
Router(dhcp-config)#dns-server 60.1.1.2
Router(dhcp-config)#ip dhcp excluded-address 30.1.1.1
Router(config)#ip dhcp pool net40
Router(dhcp-config)#network 40.1.1.0 255.255.255.0
Router(dhcp-config)#default-router 40.1.1.1
Router(dhcp-config)#dns-server 60.1.1.2
Router(dhcp-config)#ip dhcp excluded-address 40.1.1.1
Router(config)#ip dhcp pool net50
Router(dhcp-config)#network 50.1.1.0 255.255.255.0
Router(dhcp-config)#default-router 50.1.1.1
Router(dhcp-config)#dns-server 60.1.1.2
Router(dhcp-config)#ip dhcp excluded-address 50.1.1.1
Router(config)#end
// 考虑到 WWW 服务器和 DNS 服务器需要配置静态 IP 地址，所以它们所在的 VLAN60 不用配置 DHCP
```

为了让 PC0 ~ PC4 能自动获取 IP 地址，将它们的 IP 配置方式设置为 DHCP。以 PC0 为例，首先，鼠标左键单击 PC0，进入它的配置界面。然后，选择 Desktop 面板下的 IP Configuration 选项，将 IP Configuration 配置方式从 Static 改为 DHCP，如图 9-2 所示。同样地，将 PC1 ~ PC4 的 IP 配置方式都改为 DHCP。这样，每台主机就可以从 Router0 的 DHCP 服务器获取相应网段的 IP 地址、子网掩码、网关和 DNS 地址。

4. 配置 Web 服务

首先，为 WWW 服务器分配一个静态 IP 地址。单击 WWW 服务器，进入它的配置界面，选择 Desktop 面板下的 IP Configuration 选项。在 IP Configuration 的 Static 表单中，填写 IP 地址、子网掩码、网关和 DNS 地址。根据表 9-1 的 IP 配置规划信息，分别输入 60.1.1.3、255.255.255.0、60.1.1.1 和 60.1.1.2，如图 9-3 所示。

图 9-2   DHCP 配置界面

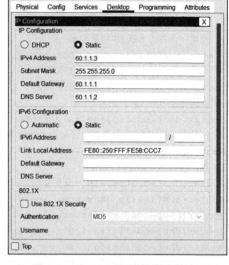

图 9-3   为 Web 服务器配置静态 IP

然后，配置 Web 服务。选择 WWW 服务器，鼠标左键单击进入设置界面，选择 Services 面板，在左方的列表中选择 HTTP 服务，然后在右方的设置面板中开启 HTTP 和 HTTPS 服务，如图 9-4 所示。Cisco Packet Tracer 将使用服务器自带的默认主页 index.html。

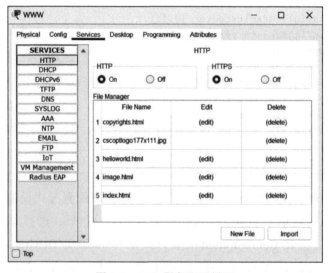

图 9-4   Web 服务配置界面

最后，验证 Web 服务。选择 WWW 服务器，鼠标左键单击，进入配置界面，选择 Desktop 面板，打开 Web Browser，在地址栏中输入 http://60.1.1.3，结果如图 9-5 所示。

5. 配置 DNS 服务

首先，给 DNS 服务器配置静态 IP 地址。配置方式与 WWW 服务器配置静态 IP 地址一样，其中 IP 地址、子网掩码和网关分别填写 60.1.1.2、255.255.255.0 和 60.1.1.1。

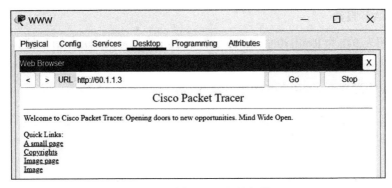

图 9-5　访问 WWW 服务器

　　然后，配置 DNS 服务。选择 DNS 服务器，鼠标左键单击进入设置界面，选择 Services 面板，在左边的列表中选择 DNS 服务，再在右边的设置面板中开启 DNS Service（选择 On），如图 9-6 所示；在 Name 域中填入域名 www.scu.edu.cn，在 Address 域中填入 WWW 服务器的 IP 地址 60.1.1.3，然后单击 Add 按钮添加这条映射规则。

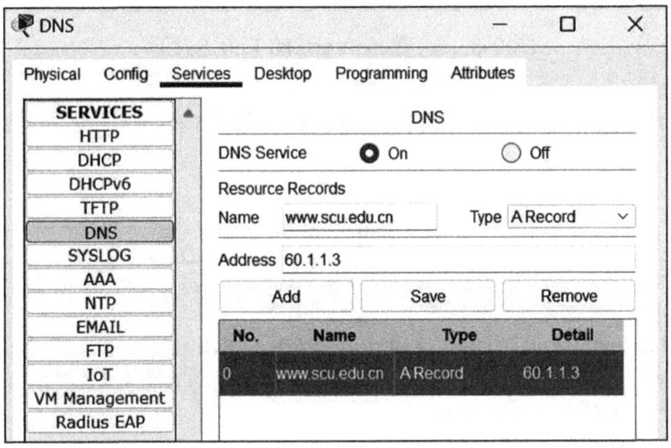

图 9-6　配置 DNS 服务

　　最后，测试 DNS 服务。选择主机 PC0，单击鼠标左键，进入配置界面。选择 Desktop 面板，打开 Web Browser，在地址栏中输入 http://www.scu.edu.cn，结果如图 9-7 所示。

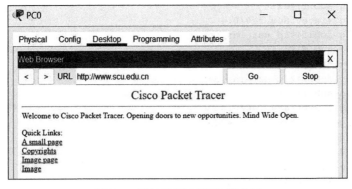

图 9-7　网址访问 WWW 服务器

6. 配置 NAT 服务

首先，按照表 9-1 为 Router0 的 Fa1/0 接口和 Router1 的 Fa0/0、Fa1/0 接口配置 IP 地址。单击 Router，选择 Config 面板下相应的接口，在 IP Configuration 栏中填写 IP 地址和子网掩码。图 9-8 所示为配置 Router0 的 Fa0/1 接口。

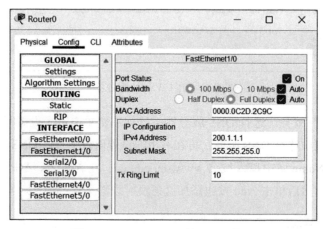

图 9-8   配置 Router0 的 Fa0/1 接口

其次，在 Router0 上配置 NAT。选择 Router0，鼠标左键单击，进入配置界面，选择 CLI 面板，执行代码 9-7。

代码   9-7

```
// 设置一条静态路由，将路由表项中没有的数据全部发送到 200.1.1.2，即发送给 Router1 的 Fa1/0，从
   而实现将内网数据成功发送到外网
Router(config)#ip route 0.0.0.0 0.0.0.0 200.1.1.2
# 将 Fa0/0.1 ~ Fa0/0.6 全部设置为 NAT 内部接口，从而让外网主机不能直接访问
Router(config)#interface fa0/0.1
Router(config-subif)#ip nat inside
Router(config-subif)#exit
Router(config)#interface fa0/0.2
Router(config-subif)#ip nat inside
Router(config-subif)#exit
Router(config)#interface fa0/0.3
Router(config-subif)#ip nat inside
Router(config-subif)#exit
Router(config)#interface fa0/0.4
Router(config-subif)#ip nat inside
Router(config-subif)#exit
Router(config)#interface fa0/0.5
Router(config-subif)#ip nat inside
Router(config-subif)#exit
Router(config)#interface fa0/0.6
Router(config-subif)#ip nat inside
Router(config-subif)#exit
// 设置 Fa1/0 接口为 NAT 外部接口
Router(config)#interface fa1/0
Router(config-if)#ip nat outside
Router(config-if)#exit
```

```
// 将 DNS 和 WWW 服务器的 IP 地址映射为外部地址，从而实现外网主机对其访问
Router(config)#ip nat inside source static 60.1.1.2 200.1.1.3
Router(config)#ip nat inside source static 60.1.1.3 200.1.1.4
#  access-list（访问控制列表）允许来自任何源地址的数据包通过访问列表作用的接口
Router(config)#access-list 1 permit any
# 建立一个名为 scu 的外部地址池，放置多个外部 IP 地址供私有 IP 地址转换
Router(config)#ip nat pool scu 200.1.1.5 200.1.1.10 netmask 255.255.255.0
Router(config)#ip nat inside source list 1 pool scu overload
```

7. 测试

配置外网主机 PC5 的 IP 地址，以便测试使用。左键单击 PC5，进入 Desktop 面板的 IP Configuration 界面，在 IP Configuration 栏填写 IP 地址、子网掩码、网关和 DNS 地址，如图 9-9 所示。

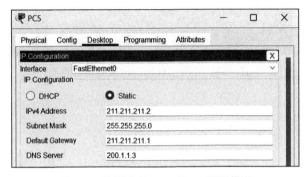

图 9-9　外网主机 PC5 的 IP 配置信息

测试分为两个部分。第一部分是测试内网主机到外网主机的连通性。在校园网 PC0～PC4 任意一台主机的命令行界面输入"ping 211.211.211.2"，正确情况如图 9-10 所示。第二部分是测试外网主机访问 DNS 和网页服务器的情况。在外网主机 PC5 中的命令行界面输入"ping www.scu.edu.cn"，连通则说明外网主机能够访问校园网内的 Web 服务器，并且 DNS 服务器能够正确解析域名。接下来，在 PC5 中的命令行界面输入"ping 60.1.1.3"，可以发现外网主机不能直接访问内网 IP 地址。测试结果如图 9-11 所示。

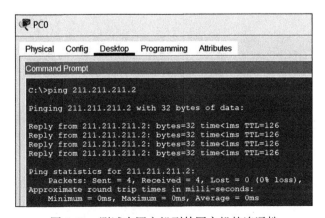

图 9-10　测试内网主机到外网主机的连通性

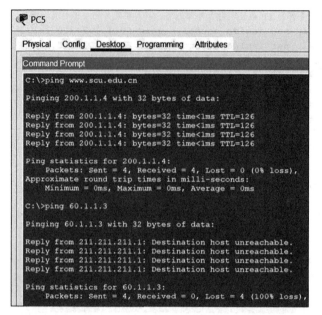

图 9-11　测试外网主机和内网服务器的连通性

9.5　总结

本项目通过模拟对校园网内的路由器和交换机进行配置，使校园网络可以实现资源共享和相互通信。通过利用 VLAN 技术来优化校园里的网络，可以限制广播域，增强局域网内的安全性。通过利用 NAT 技术把校园网中的私有 IP 地址转换成公网 IP 地址，使得内部网络可以访问互联网资源。在本项目中，要特别注意校园网中的单臂路由配置和 NAT 配置。

第 10 章
综合设计 2：网络协议协作与数据传送机制

在基础实验部分，学生已经掌握了各层协议的工作原理。然而，每一次信息传输都不是由单个协议完成的，而是协议栈中每一层协议相互协作的结果。为了让学生更深入地理解不同层协议之间的协作机制，以及协议栈中数据传输的顺序，本章的综合设计将引导学生通过一个完整的数据传输过程来了解网络协议的协作机制。

10.1 设计目标与准备

本章将以 Web 服务为例，通过学生在客户端浏览器输入网址，触发从服务器获取 Web 页面的完整流程。在这个流程中，学生将捕获并分析各层协议所产生的数据包，从而深入了解 TCP/IP 参考模型下各层协议的工作原理和功能。同时，学生还可以了解因特网中协议的缓存工作原理以及应用场合。通过本项目，学生能够进一步掌握以下知识点：

1）一个完整 Web 服务涉及的所有协议，包括应用层、传输层、网络层和链路层的协议。

2）获取 Web 页面所需的各层协议之间的协作关系，以及协议栈中数据包的封装和解封装过程。

3）在数据包传输过程中，协议的缓存机制的工作原理，以及缓存的优势和局限性。

本项目使用 Wireshark 捕获数据包发送过程中所有的数据包，帮助学生了解在 Web 服务中数据包的传送过程。在此之前，学生需要了解下面的知识：

1）ARP 的工作原理。

2）DHCP 的工作原理。

3）DNS 协议的工作原理。

4）TCP 的工作原理。

5）HTTP 的工作原理。

提示：本项目建议课时为 1 课时。

10.2 实验平台与工具

1. 实验平台

Windows 11（使用任何平台均可以完成）。

2. 实验工具

Wireshark，Chrome 浏览器。

10.3　基本原理

1. 基本工作原理

客户端用户通过浏览器访问网页的主要过程如图 10-1 所示。

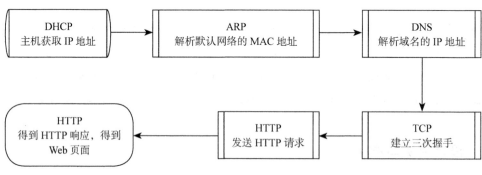

图 10-1　获取 Web 页面的流程

1）**接入网络**：一台主机要和其他主机通信，首要条件是获取 IP 配置信息。可以通过静态配置或 DHCP 动态获取配置信息。本实验客户端主机采用 DHCP 方式，详见 7.1 节的 DHCP 实验。

2）**ARP 的工作**：网络层的 IP 数据报传送到链路层时，链路层根据源 MAC 地址和目的 MAC 地址将其封装成帧。网络层告诉 ARP 模块路由结果，ARP 解析所需 IP 对应的 MAC 地址，详见 8.2 节的 ARP 实验。

3）**DNS 的工作**：主机的应用层访问域名前，需要进行域名解析，详见 5.3 节的 DNS 协议实验。

4）**TCP 三次握手**：通过 DNS 获取 Web 服务器的 IP 地址后，HTTP 下层使用 TCP，客户端主机和 Web 服务器之间需建立 TCP 连接，详见 6.1 节的 TCP 连接管理实验。

5）**HTTP 的工作**：TCP 的第三次握手报文携带 HTTP 请求报文，Web 服务器收到后发送 HTTP 响应报文，详见 5.1 节的 HTTP 实验。

2. 网络拓扑结构

本项目旨在通过捕获网络中的数据包，让学生了解 TCP/IP 参考模型中各层协议的协作关系。因此，配置网络时，可以自己搭建 DHCP 服务器、Web 服务器、DNS 服务器的局域网，也可以利用现成的网络环境，无须专门配置，从而完成一次 Web 页面访问。本项目以访问四川大学网站首页 www.scu.edu.cn 为例，省略了服务器的配置工作，只关注协议数据包的捕获和分析。项目的网络拓扑结构如图 10-2 所示。

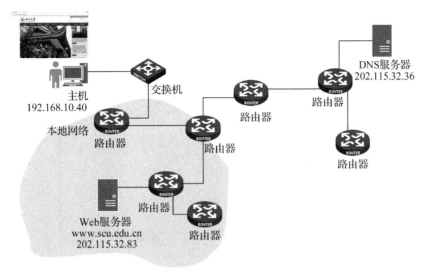

图 10-2 网络拓扑结构图

10.4 设计步骤

本项目要通过分析捕获的数据包, 让学生了解 Web 页面访问过程中各层协议的协作关系和缓存的作用。主要步骤如下:

1) 清理缓存。

2) 访问 Web 页面, 捕获数据包, 并分析过程。

3) 再次访问同一 Web 页面以后, 捕获数据包, 并对第一次数据包进行对比分析, 理解缓存的作用。

1. 清理缓存

为了获取完整的数据, 在跟踪 Web 数据包的工作过程前, 需要释放当前主机的 IP 地址, 以便获取 DHCP 的数据包。在命令行中, 使用 ipconfig /release 命令释放 IP 地址, 使用 arp -d 命令清除 ARP 缓存。

为了确保 Web 网页是从网络中获取的 (而不是从浏览器的缓存中获取的), 需要清空浏览器的缓存。打开浏览器的 "设置" 界面, 选择 "高级设置" 选项, 单击 "隐私设置" 按钮, 再单击 "清除浏览数据" 按钮, 如图 10-3 所示。在弹出的窗口中, "清除指定时间段内的数据" 部分选择 "全部", 再勾选所有的选项, 然后单击 "清除浏览数据" 按钮。

为了确保 Web 服务器域名到 IP 地址的映射是从网络中获取的, 需要清空 DNS 缓存。在命令行中, 使用 ipconfig /flushdns 命令清空当前主机的 DNS 解析缓存。

2. 访问 Web 页面, 捕获数据包, 并分析过程

1) 启动 Wireshark 分组捕获器, 并选择合适的网络接口。

2) 在命令行中, 输入 ipconfig /renew 命令, 获取 IP 地址。

图 10-3　清除浏览器缓存界面

3）在 Web 浏览器的地址栏中，输入：www.scu.edu.cn，然后按回车键。

4）等待浏览器加载 www.scu.edu.cn 的网页信息，然后在 Wireshark 中停止分组捕获，得到如图 10-4 所示的数据分组。

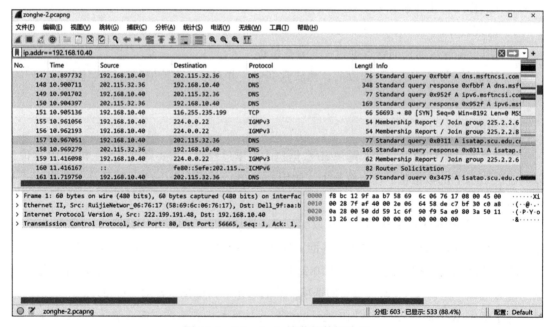

图 10-4　Wireshark 捕获的数据分组

 分析 Wireshark 中截获的数据分组，分析回答下面问题（需要在实验报告中附上 Wireshark 的截图作为回答依据）：

1）客户端主机在发送 HTTP 请求之前，发送的是什么类型的数据分组？这个数据分组的作用是什么？得到的应答数据分组包含什么内容？

2）客户端主机通过 DHCP 获取 IP 地址后，在捕获 DNS 域名解析数据分组之前，还捕获到了什么类型的数据分组？这些分组的作用是什么？

3）客户端主机和默认网关的 MAC 地址分别是多少？

4）DNS 使用什么类型的资源记录来解析 www.scu.edu.cn 的 IP 地址？ DNS 的查询应答数据分组中包含哪些信息？

5）客户端主机通过 DNS 获取 Web 服务器的 IP 地址后，是否立即捕获到了 HTTP 数据分组？如果不是，那么捕获的是什么数据分组？

6）请根据上述分析，用文字描述客户主机从获取 IP 地址到得到 Web 页面的完整流程。

3. 访问相同 Web 页面，捕获数据包

1）启动 Wireshark 分组捕获器，并选择合适的网络接口。

2）在 Web 浏览器的地址栏中，输入：www.scu.edu.cn，然后按回车键。

3）等待浏览器加载 www.scu.edu.cn 的网页信息，然后在 Wireshark 中停止分组捕获。

想一想 分析 Wireshark 中截获的数据分组，回答下面的问题（需要在实验报告中附上 Wireshark 的截图作为回答依据）：

1）客户端主机在发送 HTTP 请求之前，发送的是什么类型的数据分组？发送这个数据分组的目的是什么？

2）在分组捕获过程中，是否捕获到了 ARP 数据分组？如果捕获到数据分组，是在什么情况下捕获的？如果没有捕获到，原因是什么？

3）在分组捕获过程中，是否捕获到了 DNS 数据分组？如果捕获到数据分组，是在什么情况下捕获的？如果没有捕获到，原因是什么？

4）捕获的 HTTP 数据分组和前一个实验中捕获的 HTTP 数据分组有什么区别？这个区别是什么因素造成的？

5）请根据上述分析，用文字描述客户主机再次访问相同 Web 页面时捕获的数据分组的类型和顺序。

10.5 总结

本项目的操作过程很简单，只需完成数据的捕获，重点在于对协议的综合分析。在获取数据包后，要学会分析数据包，了解协议之间的协作关系、各个协议的使用场景，以及在数据发送过程中，不同层协议的工作顺序。下面给出了在整个访问过程中，协议使用的顺序，如图 10-5 所示。

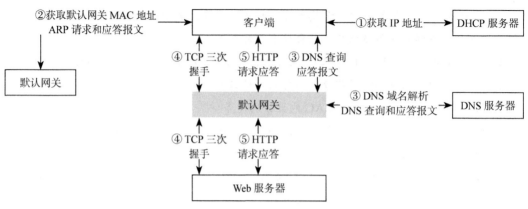

图 10-5　协议的使用顺序

第 11 章
综合设计 3：邮件服务器 的搭建

为了方便邮件服务器的安装和维护，各组织和厂商开发了许多邮件服务器软件。例如，开源软件 Sendmail 和 Postfix，付费软件 CoreMail、U-Mail、MDaemon 等。付费软件在垃圾邮件处理、反病毒管理等方面有更好的表现。在 Windows 平台下，有些邮件服务器软件不仅支持 SMTP 和 POP3，还支持日益流行的 IMAP（Internet Mail Access Protocol，Internet 邮件访问协议），例如 Winmail、hMailServer 和 WinWebMail 软件。

11.1 设计目标与准备

本项目的目标是搭建局域网的邮件服务，实现局域网的邮件收发，让学生了解邮件服务的工作原理，特别是邮件服务的"三部曲"（发送者代理→发送者邮件服务器→接收者邮件服务器→接收者代理）。完成本项目后，学生将更好地掌握以下知识：

1）DNS 域名解析服务的原理和配置方法。

2）SMTP 服务的原理和配置方法。

3）POP 服务的原理和配置方法。

本项目需要在服务器中配置 DNS、SMTP 和 POP3 服务，因此，学生需要提前了解以下相关知识：

1）DNS 协议的工作原理。

2）SMTP 的工作原理。

3）POP3 的工作原理。

提示：本章内容建议用 3 课时完成。

11.2 实验平台与工具

1. 实验平台

Windows Server 2008 R2 SP1。

2. 实验工具

Foxmail，VisendoSMTPExtender_x64。

11.3 基本原理

1. 邮件服务的基本过程

用户 A 向用户 B 发送邮件时，邮件服务的基本过程如图 11-1 所示。

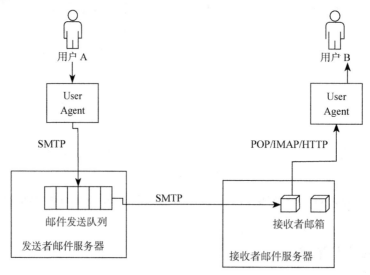

图 11-1 邮件服务的基本过程

1）用户 A 通过 User Agent（例如 FoxMail）使用 SMTP 向邮件服务器 A 发送邮件。

2）发送者的邮件服务器将邮件放入发送队列，等待发送。

3）用户 B 通过 User Agent 使用 POP/IMAP/HTTP 从自己的邮件服务器的邮箱中取回邮件。

2. 拓扑结构

本项目要搭建局域网的邮件服务，包括 DNS 服务器、SMTP 服务器和 POP3 服务器。局域网邮件服务器的拓扑如图 11-2 所示，各设备的配置情况如表 11-1 所示。

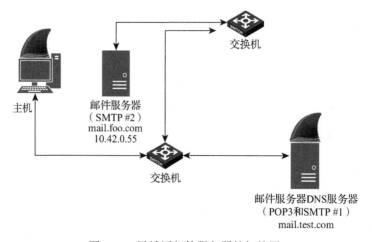

图 11-2 局域网邮件服务器的拓扑图

表 11-1　局域网内各设备的配置情况

设备	接口	IP 地址	子网掩码	默认网关	DNS	备注
DNS 服务器	Eth0	10.42.0.49	255.255.255.0	10.42.0.1	10.42.0.49	无
POP3 服务器	Eth0	10.42.0.49	255.255.255.0	10.42.0.1	10.42.0.49	无
SMTP 服务器（#1）	Eth0	10.42.0.49	255.255.255.0	10.42.0.1	10.42.0.49	mail.test.com
SMTP 服务器（#2）	Eth0	10.42.0.55	255.255.255.0	10.42.0.1	10.42.0.49	mail.foo.com
测试主机	Eth0	10.42.0.156	255.255.255.0	10.42.0.1	10.42.0.49	无

11.4　设计步骤

本项目需要分别搭建发送者服务器以及接收者服务器，实现邮件服务的完整过程，并能够捕获不同阶段的数据包进行分析。主要步骤如下：

1）搭建 DNS 服务器，配置域名和 IP 地址的映射关系。

2）对 SMTP 服务器进行安装配置，设置邮件发送和转发的规则。

3）对 POP 服务器进行安装配置，设置邮件接收和存储的方式。

4）捕获及分析数据包，了解各层协议的工作原理和功能。

1. 搭建 DNS 服务器

本项目需要搭建 DNS 服务器，配置发送者和接收者的邮件服务器域名。DNS 服务器的搭建方法和步骤参见 5.3 节。本项目中，发送者的邮件服务器域名为 mail.foo.com，接收者的邮件服务器域名为 mail.test.com。域名配置的结果如图 11-3 和图 11-4 所示。

图 11-3　发送者的邮件服务器的域名相关配置

2. SMTP 服务器的安装配置

为了搭建 SMTP 服务器，需要在 Windows Server 操作系统下，打开"服务器管理器"。在"开始"菜单下，选择"管理工具"选项，然后双击"服务器管理器"。在"服务器管理器"窗口中，鼠标右键单击"功能"，选择"添加功能"菜单项。在"添加功能向导"中，勾选"SMTP 服务器"选项，单击"下一步"。如图 11-5 所示，弹出"是否添加 SMTP 服务器所需的角色服务和功能"界面，选择"添加所需的角色服务"按钮。

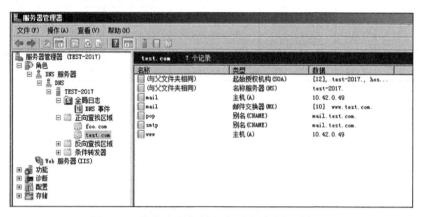

图 11-4 接收者的邮件服务器的域名相关配置

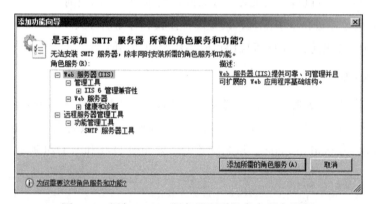

图 11-5 添加 SMTP 服务器所需的角色服务界面

然后，单击"下一步"，进入安装向导。单击"安装"按钮，开始安装 SMTP 服务。安装完成后，如图 11-6 所示，出现提示框，表示 SMTP 服务已安装成功。

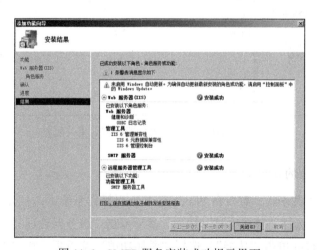

图 11-6 SMTP 服务安装成功提示界面

为了管理 SMTP 服务，需要在 Windows Server 操作系统下，打开"服务器管理器"。在"开始"菜单下，选择"管理工具"选项，然后双击"服务器管理器"。在"服务器管理器"窗口中，单击"+"图标，展开 SMTP 服务菜单，如图 11-7 所示。

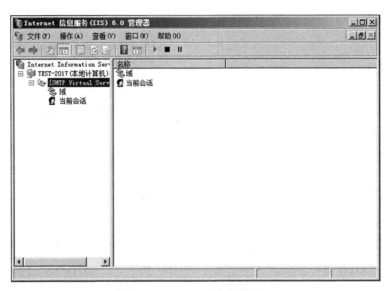

图 11-7　SMTP 服务菜单界面

为了新建 SMTP 服务虚拟域，需要在"域"选项上单击鼠标右键，选择"新建"菜单项，然后选择"域"子项。在弹出的窗口中，"指定域类型"选择"别名"，如图 11-8 所示，然后单击"下一步"按钮。

在弹出框内填入域名 mail.test.com，如图 11-9 所示，然后单击"完成"按钮完成 SMTP 域的创建。

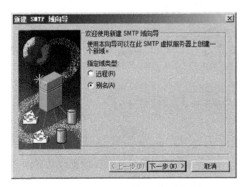

图 11-8　SMTP 域新建别名界面　　　　　图 11-9　SMTP 域名名称填充界面

在"服务器管理器"界面中，右键单击"[SMTP Virtual Server]"选项，选择"属性"菜单项，弹出如图 11-10 所示的属性配置界面。在"常规"选项卡中，将"IP 地址"设置为"所有未分配"，勾选"启用日志记录"选项，并在下拉框中选择"W3C 扩展日志文件格式"选项。

在"访问"选项卡中，单击"认证"按钮，弹出"身份验证"对话框。在该对话框中，勾选"匿名访问"选项，如图 11-11 所示。然后，单击"确定"按钮，即可完成身份验证的配置。

图 11-10　SMTP 属性"常规"设置界面

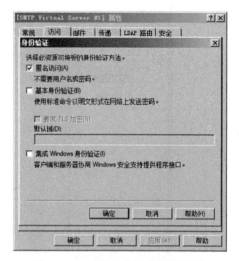

图 11-11　SMTP 身份验证设置界面

打开"访问"选项卡，选择"连接"按钮，会出现一个对话框。在对话框中，选中"仅以下列表"选项，然后单击"添加"按钮，弹出如图 11-12 所示的界面。

在图 11-12 所示的界面中，输入一组计算机的子网地址和子网掩码，然后选择"确定"按钮。这样，就会返回到"连接"对话框，如图 11-13 所示。最后，再次单击"确定"按钮。

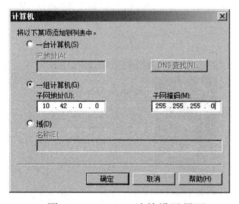

图 11-12　SMTP 连接设置界面

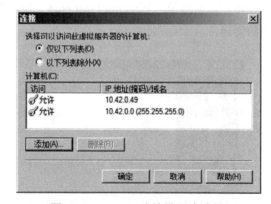

图 11-13　SMTP 连接设置成功界面

返回到"访问"选项卡界面，设置"中继"属性。该设置可以避免邮件服务器被用作远程邮件中继，造成垃圾邮件的问题。选择"中继"按钮，然后选中"仅以下列表"选项。接下来，选择"添加"按钮，在弹出的对话框中，输入一组计算机的网络地址和子网掩码。"中继限制"配置应该和图 11-14 相同。

选择"邮件"选项卡，这里可以使用默认配置，如图 11-15 所示。

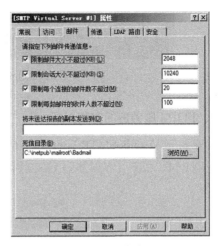

图 11-14 SMTP 中继属性设置界面   图 11-15 SMTP 邮件设置界面

选择"传递"选项卡进行重试时间的配置，如图 11-16 所示。

在高级传递设置中，将"完全限定的域名"修改为在 DNS 服务器中配置好的别名，如图 11-17 所示。

图 11-16 SMTP 的传递设置界面

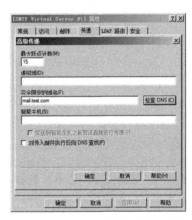

图 11-17 SMTP 高级传递设置界面

至此，接收者的 SMTP 服务配置完成，发送者的 SMTP 邮件服务器配置方法与接收者的相同。

SMTP 服务器配置完成以后，可以通过 Telnet 测试服务是否配置成功。在命令行中输入：telnet smtp.test.com 25，如图 11-18 所示，如果服务配置成功，则出现如图 11-19 所示的界面。

图 11-18 Telnet 请求 SMTP 服务的初始界面

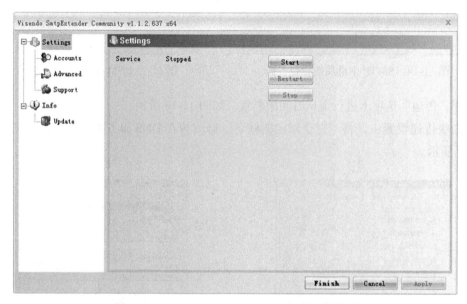

图 11-19　Telnet 请求 SMTP 服务成功界面

3. POP3 服务器的安装配置

在安装完 VisendoSMTPExtender_x64 后，以管理员权限运行该程序。单击"Start"按钮，开启 POP3 服务，界面如图 11-20 所示。

图 11-20　Visendo SmtpExtender 启动初始界面

右键单击"Settings"菜单，选择"Accounts"子菜单，然后选择"New Account"。在弹出的对话框中，创建新的邮件用户，如图 11-21 所示。

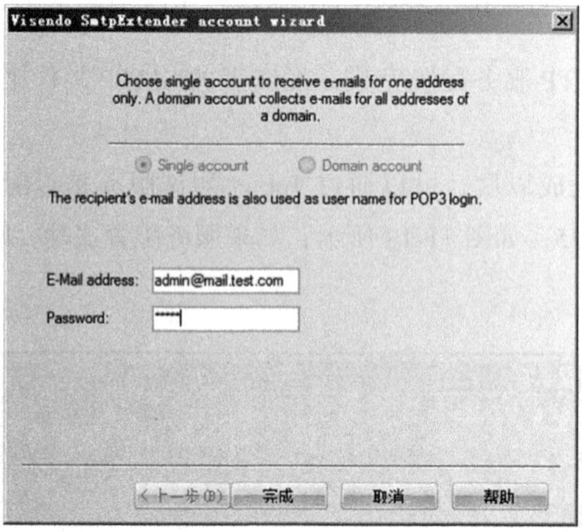

图 11-21　Visendo SmtpExtender 的新建用户界面

为了验证 POP 服务器是否配置成功，可以在局域网内的另一台主机上使用 Telnet 命令进行测试，如图 11-22 所示。这里使用的测试主机的 IP 地址与主机描述中的一致。

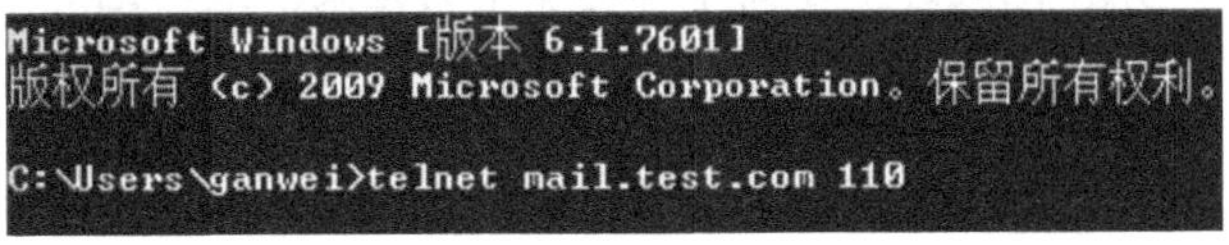

图 11-22　Telnet 请求 POP3 服务的初始界面

如果出现图 11-23 所示的界面，则表明 POP 服务开启成功。

图 11-23　Telnet 请求 POP3 服务成功界面

注意：在访问邮件服务器时，如果遇到无法访问 110 端口，请检查服务器端防火墙状态。Foxmail 的配置方法详见 5.4 节。

4. 数据包捕获及分析

本节实验的目的是观察邮件发送的全过程，包括邮件发送者、发送者邮件服务器、接收者邮件服务器和邮件接收者之间的数据交互。为此，需要在不同的主机上使用 Wireshark 工具来捕获数据分组。具体来说，在 SMTP（#1 和 #2）服务器上运行 Wireshark，以便捕获两个邮件服务器之间的数据传输；同时，在测试主机上运行 Wireshark，以便捕获邮件发送者和发送者邮件服务器、邮件接收者和接收者邮件服务器之间的数据传输。在本节中，使用 admin@mail.foo.com 作为邮件发送者，admin@mail.test.com 作为邮件接收者。

分析 Wireshark 中截获的数据分组，回答下面的问题（需要在实验报告中附上 Wireshark 的截图作为回答依据）：

（1）发送主机（10.42.0.156）

1）在 SMTP 会话过程中，发送方使用了哪些 SMTP 命令？请列举并简要说明每个命令的作用。

2）发送方发送的邮件大小是多少字节？请给出结果。

3）在接收邮件的主机上，使用了哪些 POP 命令？请列举并简要说明每个命令的作用。

4）接收者的邮箱中共有多少封邮件？每封邮件的大小是多少字节？

5）POP 命令中的 UIDL 是什么意思？它有什么作用和哪些用法？

6）在接收邮件时，客户端主机的临时端口号是多少？从登录 POP 服务器到邮件传送完成，发送方一共发送了多少字节的数据？一共接收了多少字节的数据？

（2）发送者 SMTP#2（10.42.0.55）

1）当 SMTP#2 向 SMTP#1 发送邮件时，SMTP#2 使用了哪个客户端端口号？

2）请列出 SMTP 会话过程中涉及的所有 SMTP 命令，并简要说明每个命令的功能和参数。

3）在 TCP 会话过程中，SMTP#2 一共发送了多少字节的数据？一共接收了多少字节的数据？请给出结果。

4）SMTP 在获取 DNS 记录时，查询了哪些类型的记录？这些记录分别代表什么含义？

11.5 总结

本项目涉及多个方面的知识和技能，要求对 DNS 服务器的配置和解析有深入的理解，能够根据主机的功能设置相应的解析记录，能够在实验环境中添加 POP3 服务，并使用外部软件进行测试。通过本实验，学生可以掌握 DNS 服务器、SMTP、POP3 等服务的工作原理和流程，熟悉局域网的网络环境配置和服务器的防火墙设置，并独立搭建适合小型企业的邮件服务器。

第 12 章
综合设计 4：网络爬虫的设计和实现

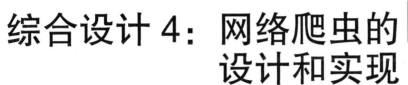

随着网络信息量的爆炸性增长，从海量数据中提取有效信息已经成为信息处理的重要基础。网络爬虫能够实现对网络数据的自动采集和筛选，经过后续处理可以应用于搜索引擎、自然语言处理、大数据分析等领域。然而，网络爬虫如果过于频繁地访问目标服务器，将会导致服务器资源急剧消耗，甚至可能引发崩溃。因此，在设计爬虫时，必须避免不遵循爬虫策略的行为，给 Web 服务器带来过重的负担。同时，必须遵守一定的规则，例如每秒的请求数量不应超过 10 次、尽量避免在高峰时段爬取网页等。

12.1 设计目标与准备

本项目将介绍如何实现一个简单的聚焦网络爬虫，它能够定时爬取百度百科中的网页信息，并从网页中按照要求提取结构化信息。通过本项目的实践，学生能够熟悉爬虫的工作原理和网页信息抽取的技术。完成本项目后，学生将更好地掌握以下知识点：

1）Python 的编程技术。

2）爬虫的工作流程和设计方法。

3）网页信息抽取的技术和方法。

本项目要求使用 Python 语言编写网络爬虫，并且能够自动提取网页的超链接，实现爬虫的持续爬取。同时，对于爬取的网页能够根据要求自动抽取出结构化信息。因此，在开始项目前，学生需要了解以下知识：

1）爬虫的工作原理及基本概念。

2）Python 的基本语法及编程技巧。

提示：本项目建议的课时为 2 课时。

12.2 实验平台与工具

1. 实验平台

Windows、Linux、Mac OS 均可。

2. 实验工具

Python3.10，文本编辑器。

12.3 基本原理

1. 爬虫的基本概念

网络爬虫（也称为 Spider）是一种按照一定规则，通过一个或多个 URL 入口，自动从网络上获取网页内特定内容的程序。一个基本的爬虫程序由三个模块组成，分别是网页下载模块、网页解析模块、URL 管理模块，如图 12-1 所示。网络爬虫程序从种子页面出发，解析得到网页的链接后，加入 URL 管理模块，URL 管理模块将要爬取的 URL 信息传送给网页下载模块去下载页面。

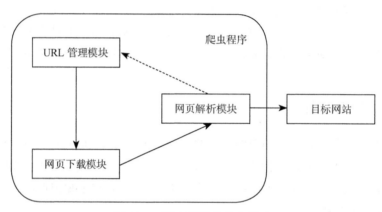

图 12-1　爬虫程序的基本组成

2. 爬虫的工作原理

网络爬虫是把 URL 地址中指定的网络资源从网络流中读取出来并保存到本地。然后，它从本地网页中抽取出新的 URL，加入待爬取队列中，继续进行爬取工作。因此，网络爬虫本质上是模拟用户浏览网页的过程，它把 URL 作为 HTTP 请求的内容发送到服务器端，然后读取服务器端的响应资源，网络爬虫的工作过程如图 12-2 所示。网络爬虫的调度程序主要包括待爬取 URL 队列、已爬取 URL 队列和错误 URL 队列。待爬取 URL 队列存放的是网络爬虫需要爬取的网页的 URL，已爬取 URL 队列记录的是已经爬取过的网页的 URL，错误URL 队列保存的是根据 HTTP 响应报文的状态码判断无法正常获取的网页 URL。

网络爬虫程序运行的步骤如下：

1）选取一部分 URL 作为种子集合，将这些 URL 加入待爬取 URL 队列。

2）网页下载模块按照先进先出（FIFO）的顺序从待爬取 URL 队列中取出一个 URL，构造 HTTP(S) 请求，发送给目标主机。

3）将 HTTP 响应报文中的实体部分以文件形式保存到本地，并且利用网页解析模块从实体部分中提取出包含的 URL 信息，然后由 URL 管理模块判断提取出的 URL 是否已经存在于已爬取 URL 队列或者错误 URL 队列中。如果不存在，则将其加入到待爬取 URL 队列中。

4）重复第 2 步和第 3 步，直到待爬取 URL 队列为空为止。

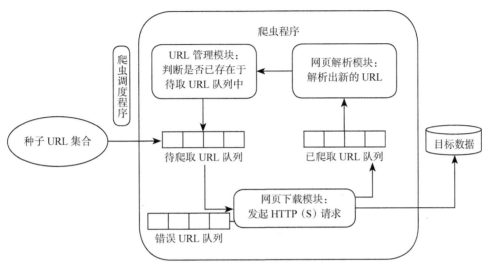

图 12-2 爬虫的工作过程

3. 反爬虫策略

网络爬虫是一种能够自动从万维网上提取网页信息的程序。它通过发送 HTTP 请求、下载网页文件，然后从中解析出有用的数据。但是，网络爬虫也存在一些问题和挑战。例如，如果爬虫在短时间内向同一个服务器发送大量请求，就会占用服务器的带宽和资源，影响其他正常用户的访问速度和体验。此外，如果爬虫不遵守网站的版权和隐私政策，就会导致互联网上出现大量的重复和抄袭的内容，损害原创作者的权益和创新力。因此，很多网站为了保护自己的网页信息，采取了一些反爬虫的措施。

Robots 协议，也称为"网络爬虫排除协议"（Robots Exclusion Protocol），是一种网站用来告诉搜索引擎哪些页面可以抓取、哪些页面不能抓取的协议。Robots 协议的提出者是 Martijn Koster。1994 年 2 月，他在 Nexor 工作，期间在 www-talk 邮件列表中发表了该协议的草案。开始，该协议遭到了一些反对者的攻击，甚至导致 Koster 的服务器被拒绝服务。但是，该协议很快就被广泛接受，成为事实上的标准。Robots 协议的实现方式是，在网站的根目录下创建一个名为 robots.txt 的文本文件，用来指定哪些搜索机器人可以访问哪些页面（Allow）、哪些页面不可以访问（Disallow）。当一个爬虫访问一个网站时，它会首先检查该网站是否有 robots.txt 文件，如果有，就会按照文件中的规则来确定访问的范围；如果没有，就会认为该网站允许访问所有页面，除非页面被口令保护。例如，Bing 的反爬虫文件内容如图 12-3 所示。

```
User-agent: msnbot-media
Disallow: /
Allow: /th?

User-agent: Twitterbot
Disallow:

User-agent: *
Disallow: /account/
Disallow: /aclick
Disallow: /alink
Disallow: /amp/
Allow: /api/maps/
Disallow: /api/
Disallow: /bfp/search
Disallow: /bing-site-safety
Disallow: /blogs/search/
Disallow: /ck/
Disallow: /cr$
Disallow: /cr?
Disallow: /entities/search
Disallow: /entityexplore$
Disallow: /entityexplore?
Disallow: /fd/
Disallow: /history
Disallow: /hotels/search
Disallow: /images?
......
```

图 12-3　cn.bing.com/robots.txt 的部分内容

为了保证能够通过爬虫有效获取页面，可以采用下面的反爬虫策略：

1）**限制请求头**：由于许多爬虫程序的请求头默认为 python-requests，服务器可以根据请求头的格式来判断是否为爬虫，并拒绝其抓取。

解决方案：修改请求头为搜索引擎的爬虫程序，如 Googlebot 或 Baiduspider，以模仿正常的浏览器访问。

2）**限制 IP**：如果在某一段时间内，来自同一个 IP 的访问数量超过网站自身的访问限制，服务器会拒绝该 IP 之后的访问请求，如 Google Scholar 等。

解决方案：控制访问频率，避免过快或过频繁的请求；或者使用 IP 池，随机更换不同的 IP 地址；或者进行分布式爬取，利用多台机器或多个进程同时爬取。

3）**限制 Cookies**：对于需要登录的网站，如果同一用户的访问频率超过网站自身的访问限制，用户的后续访问会被限制，如微博、知乎等。

解决方案：控制访问频率，避免过快或过频繁的请求；或者使用账户组，随机更换不同的账户登录。

4）**验证码**：如果同一用户的访问次数过高，请求会跳转到验证码验证页面，只有输入正确的验证码后才能访问正常请求的页面。

解决方案：使用第三方库或其他图像识别方法，如 OCR 或深度学习，来自动识别并输入验证码，完成验证。

5）**异步加载**：浏览器可以执行 JavaScript 获取数据，并修改 DOM 属性，使数据正常呈现给用户。而一般的爬虫程序没有执行 JavaScript 的能力，因此无法获取异步加载的数据，如 Ajax 或动态网页等。

解决方案：使用如 HtmlUnit 的第三方包来模拟浏览器的行为，执行 JavaScript，并解析 DOM，获取完整的网页数据。

4. 爬虫的编程方法

爬虫程序包括 URL 管理模块、网页下载模块以及网页解析模块。网页下载模块主要利用 Urllib 库，网页解析模块主要使用三种方法：正则表达式、Beautiful Soup[⊖]（本项目使用）和 lxml[⊜]。

12.4　设计步骤

下面以百度百科为例来说明如何编写爬虫程序，获取"计算机"词条正文内的 100 个链接，以及对获取的网页信息进行结构化处理。主要步骤如下：

1）安装第三方库。
2）设计 URL 调度程序。
3）设计 URL 管理模块。
4）设计网页下载模块。
5）设计 URL 解析模块。
6）设计信息抽取模块。

1. 安装第三方库

Python3 安装成功后，可以使用 pip 命令来安装第三方包。在命令行中，输入 pip 和需要安装的包的名字，就可以自动下载和安装该包。例如，安装 requests[⊕]和 beautifulsoup4 这两个包的命令如下：

```
pip install requests
pip install beautifulsoup4
```

2. 设计 URL 调度程序

调度程序的任务是完成爬虫程序内各模块的启动和管理，在各模块间传递参数，控制爬虫的入口和终止。调度程序如代码 12-1 所示。

⊖ 参见 https://www.crummy.com/software/BeautifulSoup/。

⊜ 参见 https://lxml.de/。

⊜ 参见 http://www.python-requests.org/en/master/。

代码 12-1

```
import ssl
import url_manager, html_downloader, html_parser
class SpiderMain(object):
    def __init__(self):
        self.urls = url_manager.url_manager()  # URL 管理器
        self.downloader = html_downloader.html_downloader()  # HTML 下载器
        self.urlparser = html_parser.html_parser()  # HTML 解析器
    def craw(self, root_url):
        count = 1  # 当前爬取 URL
        self.urls.add_new_url(root_url)  # 添加入口 URL
# 当有新的 URL 时
        while self.urls.has_new_url():
            try:
                new_url = self.urls.get_new_url()  # 从 urls 获取一个 URL
                html_cont = self.downloader.download(new_url)  # 调用下载模块, 下载
URL 页面
                new_urls, new_data = self.urlparser.parse(new_url, html_cont)
# 调用解析模块解析, 解析页面
                self.urls.add_new_urls(new_urls)  # 添加批量 URL
                # 爬虫终止条件
                if count == 100:
                    break
                count += 1
            except Exception as e:
                print('craw failed--', e)
if __name__ == "__main__":
    ssl._create_default_https_context = ssl._create_unverified_context
# 入口 URL
root_url
="https://baike.baidu.com/item/%E8%AE%A1%E7%AE%97%E6%9C%BA/140338?fr=aladdin"

obj_spider = SpiderMain()
obj_spider.craw(root_url)
```

3. 设计 URL 管理模块

URL 管理模块的任务是对爬取 URL 队列中的 URL 进行更新, URL 管理模块如代码 12-2 所示。

代码 12-2

```
class url_manager(object):
    def __init__(self):
        self.new_urls = set()
        self.old_urls = set()
    # 添加单个 URL
    def add_new_url(self, url):
        if url is None:
            return
        # 全新的 URL
        if url not in self.new_urls and url not in self.old_urls:
            self.new_urls.add(url)
    # 判断队列中是否有新的未爬取 URL
```

```
def has_new_url(self):
    return len(self.new_urls) != 0

# 获取新的 URL
def add_new_urls(self, urls):
    if urls is None or len(urls) == 0:
        return
    for url in urls:
        self.add_new_url(url)

# 添加批量 URL
def get_new_url(self):
    new_url = self.new_urls.pop()
    self.old_urls.add(new_url)
    return new_url
```

4. 设计网页下载模块

网页下载模块主要利用 urllib 库中的 urllib.request.urlopen(url) 方法去获取 URL 对应的页面信息。网页下载模块如代码 12-3 所示。

代码 12-3

```
import re
import urllib
def _get_new_urls(self, page_url, soup):
    new_urls = set()
    # 通过 soup.find 方法和正则表达式取得新 URL 中的字段
    links = soup.find_all(target='_blank', href=re.compile("/item/"))
    # 拼接出新的待爬取 URL
    for link in links:
        new_url = link['href']
        new_full_url = urllib.parse.urljoin(page_url, new_url)
        new_urls.add(new_full_url)
    return new_urls
```

5. 设计 URL 解析模块

虽然页面中的 URL 都存在于 \<a> 和 \</a> 标签之间,但是网页中有些 URL 是无用的。为此,在 URL 解析模块中应该根据待爬取的需求对获取页面的代码进行分析,如图 12-4 所示。

从图 12-4 中,可以发现,网页中下一级入口 target=" _blank"且 href 包含 item。

6. 设计网页信息抽取模块

爬虫爬取信息以后,需要从内容页面抽取出所需的结构化数据信息。网页抽取首先要确定页面中需要抽取的内容,然后分析页面的结构特点。在本项目中,我们要求抽取网页的标题、点赞量以及转发量。分析页面代码之后发现,标题属于 h1 标签,点赞量 span class=" vote-count",转发量 class=" share-count"。网页信息抽取模块的代码如代码 12-4 所示。

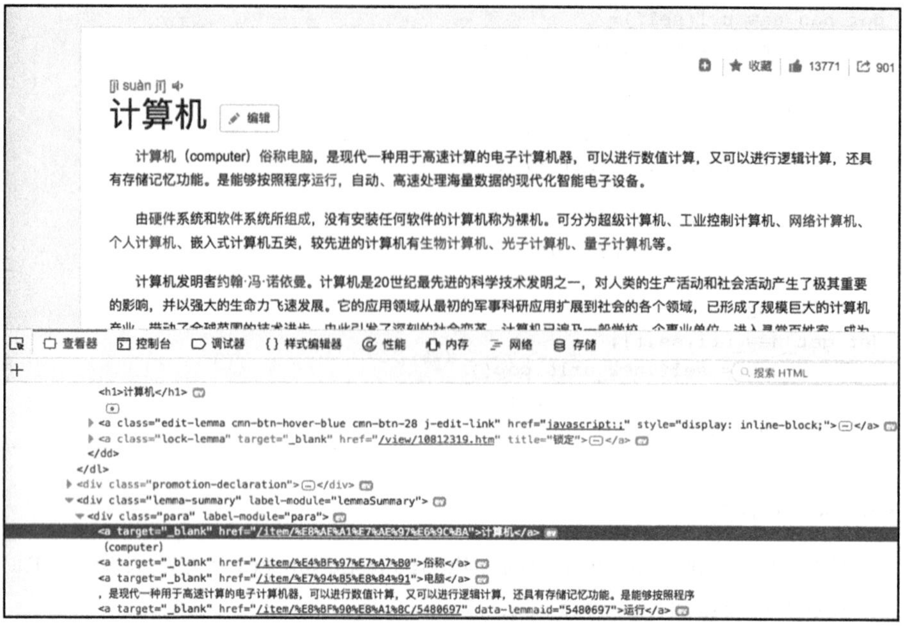

图 12-4　网页的结构图

代码 12-4

```python
def _get_new_data(self, page_url, soup):
    res_data = {}
    res_data['url'] = page_url
    textdata = [0 for i in range(4)]
    # 获得 url
    textdata[0] = page_url
    # 获得标题
    title_node = soup.find('dd', class_="lemmaWgt-lemmaTitle-title").find("h1").
text
    textdata[1] = title_node
    # 获得点赞量
    vote_node = soup.find("span", class_="vote-count").text
    textdata[2] = vote_node
    # 获得转发量
    share_node = soup.find(id="j-topShareCount").text
    textdata[3] = share_node
    # 输出结果
    print('[', textdata[0], ',', textdata[1], ',', textdata[2], ',', textdata[3],
']')
    return res_data
```

程序运行的结果如图 12-5 所示。

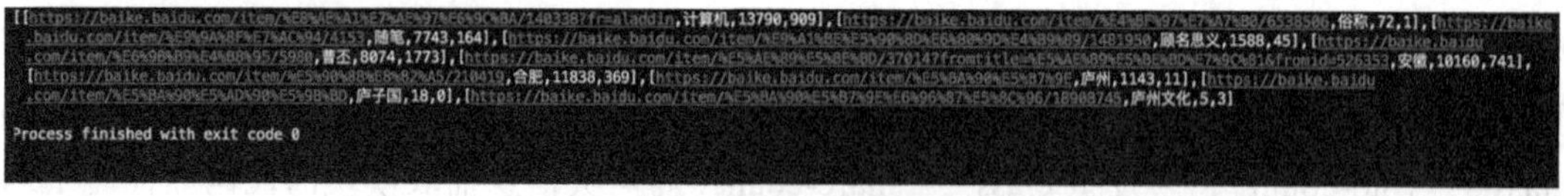

图 12-5　网页信息抽取的结果

12.5 总结

本项目主要考查学生的 Python 网络编程能力和爬虫相关知识的掌握程度。爬虫是一种自动从网上获取信息的程序,它需要使用网络编程的技术,如 HTTP、Socket 通信等。爬虫中的调度程序负责管理待爬取的 URL 队列,根据一定的调度算法来选择下一个要爬取的 URL。调度算法有很多种,如深度优先、广度优先、优先级等,本项目中为了简化,只使用了先进先出 (FIFO) 方法。爬虫还需要模拟用户的行为,如登录、翻页、点击等,以便获取更多的信息。Web 中包含各种类型的信息,如文本、图片、视频等,但是爬虫的最终目的是从网页中抽取出有用的信息,如标题、正文、链接等,这就需要对网页信息进行结构化处理,如 HTML 解析、正则表达式、XPath 等。

TCP/IP详解 卷1：协议（原书第2版）

作者：Kevin R. Fall, W. Richard Stevens 译者：吴英 吴功宜
ISBN：978-7-111-45383-3 定价：129.00元

TCP/IP详解 卷1：协议（英文版·第2版）

ISBN：978-7-111-38228-7 定价：129.00元

　　我认为本书之所以领先群伦、独一无二，是源于其对细节的注重和对历史的关注。书中介绍了计算机网络的背景知识，并提供了解决不断演变的网络问题的各种方法。本书一直在不懈努力，以获得精确的答案和探索剩余的问题域。对于致力于完善和保护互联网运营或探究长期存在的问题的可选解决方案的工程师，本书提供的见解将是无价的。作者对当今互联网技术的全面阐述和透彻分析是值得称赞的。

——Vint Cerf，互联网发明人之一，图灵奖获得者

　　《TCP/IP详解》是已故网络专家、著名技术作家W.Richard Stevens的传世之作，内容详尽且极具权威性，被誉为TCP/IP领域的不朽名著。本书是《TCP/IP详解》第1卷的第2版，主要讲述TCP/IP协议，结合大量实例介绍了TCP/IP协议族的定义原因，以及在各种不同的操作系统中的应用及工作方式。第2版在保留Stevens卓越的知识体系和写作风格的基础上，新加入的作者Kevin R.Fall结合其作为TCP/IP协议研究领域领导者的尖端经验来更新本书，反映了最新的协议和最佳的实践方法。